制定しよう
放射能汚染防止法

総理！

逃げた後はどうなりますか

....

環境基本法が改正され放射能汚染は公害となった！
それなのに国は法整備を怠っている
汚染にも被曝にも責任を負わない原子力法
災害法を濫用して被災者を追いつめる行政
公害規制無き汚染ゴミの拡散政策

放射能汚染の公害法整備に取り組むための案内書

山本行雄

はじめに

　福島第一原発事故に至るまで、放射性物質は、公害・環境関係の法律から適用除外になってきました。事故を契機に、国は、法制度の抜本的な見直しの必要性を認め、2012年6月環境基本法の放射性物質適用除外規定が削除され、放射性物質は公害原因物質に位置づけられました。

　これに伴い、国は、環境基本法の定めに従って具体的な法整備をしなければならないことになりました。しかし、法整備は中断状態のまま放置され、他方では原発の再稼動が進められています。

　現在の法制度は、放射能汚染から人と環境を守るようにはできていません。日本には、「公害国会」を通して、公害から人と環境を守るための法体系を生成した経験があります。我々には、この経験を引継ぐ課題が与えられています

　福島第一原発事故直後から、札幌市を中心に、放射能汚染を公害として規制する「放射能汚染防止法」の制定運動が続けられてきました。本書は、この運動をともにしてきた経験を踏まえ、法制度の現実はどうなっているのか、どのような法整備が必要なのか、具体的に何ができるのか、などを考えるものです。

　本書に先立ち「放射能汚染防止法整備運動ーガイドブックー」をネット上で公開してきました。規則や告示など法令の細部はそちらに譲りますが、主要な問題点の核心は本書で充分つかんでいただけると思います。

法律がひどいことになっています。　一緒に考えましょう。

　　　　　　　　　　　　　　　アリス　トオル

内 容

はじめに 3

第1章　総理！　逃げた後は　どうなりますか 7
　1-01　原子力総合防災訓練　実際起きたらどうなりますか 8
　1-02　事故は想定、被害は想定外！ 12
　1-03　放射能汚染　公害・環境関係法律の適用除外 21
　1-04　世界と日本：放射能汚染問題　人類史的不可避の課題 26

第2章　原子力法は人と環境を　どう扱っているか 31
　2-01　汚染にも被曝にも　結果に責任を負わない原子力法 32
　2-02　汚染しても責任がない　量規制なき濃度規制 34
　2-03　被曝させても責任がない　公衆被曝線量規制 38
　2-04　農業被害無視　土壌汚染に規制無し 50
　2-05　漁業被害無視　陸上施設からの海洋投棄は禁止外 52
　2-06　被害者に立ち向かう原子力法制度　公害企業の言い分と同じ . 55

第3章　環境基本法改正と　国会の機能不全 58
　3-01　福島第一原発事故　そのとき国会は・・・ 59
　3-02　遂に環境基本法改正　放射性物質は公害原因物質になった .. 64
　3-03　国会の機能不全　政府のサボリ　公務員の反人権活動 71

第4章　あらかじめ持っておこう　公害法のイメージ 79
　4-01　高度成長、公害列島、公害国会へのイメージ 80
　4-02　公害国会で形成された　汚染するな、という命令構造を知る 86
　4-03　規制基準と環境基準という　二段階構造を知る 90

4-04　実効性確保のための　代表的な方法を知る 92
　4-05　条例制定権を知る　横出し条例、上乗せ条例 94
　4-06　単独立法形式の例を知る　ダイオキシン特措法の場合 95

第5章　このように整備せよ　放射性物質の公害規制 97
　5-01　原子力公害の特性に立脚し　公害規制の諸原則に従うこと..... 98
　5-02　総量規制せよ　大気汚染、水質汚濁の規制 106
　5-03　大気汚染、水質汚濁の常時監視は　文字通り「常時」にせよ .. 111
　5-04　常時監視は　都道府県への法定受託事務とせよ 113
　5-05　土壌汚染を禁止せよ 114
　5-06　自治体は国に法整備を要求し　自ら公害条例を整備せよ 116
　5-07　公害犯罪処罰法を改正せよ 118

第6章　福島第一原発事故　原子力公害被害者の権利 121
　6-01　国には原子力公害被害者を救済する　二重の責任がある 122
　6-02　防災関係法を濫用　被災者に被曝を受忍させる復興政策 127
　6-03　国は被曝誘導政策を改め　原子力公害被害者を救済せよ 129

第7章　事故由来廃棄物に対する公害規制 139
　7-01　公害規制無きゴミ扱い　場当たり指針と汚染拡散「特措法」.... 140
　7-02　公害規制の基礎の基礎から　汚染対処特措法を理解する 143
　7-03　国は、放射性物質に対する　公害規制法整備から始めよ 147

第8章　放射能汚染防止法制定に取り組む 149
　8-01　法律がおかしい　札幌発の市民運動 150
　8-02　始めよう　すぐにもできる取り組み 153
　8-03　これこそ「男女共同参画」「専業主婦」よ学者を目指せ 158

よくある質問 162

資料集 165
 資料1 「放射能汚染防止法」制定運動 —スタート宣言— 165
 資料2 札幌市議会 法整備を求める意見書 167
 資料3 北海道知事に対する質問書 168
 資料4 環境基本法改正に伴う当面必要な法整備案骨子 177
 資料5 環境基本法 （附則を除く） 183
 資料6 「放射能汚染防止法」制定運動 ＜活動と主な出来事＞ 198

第1章　総理！　逃げた後はどうなりますか

> 　国は、放射性物質を公害・環境関係の法律から適用除外することによって、放射能汚染という課題を無いかのように扱い、政策の背後に追いやり、表面化させないようにしてきました。
> 　しかし、福島第一原発事故は、放射能汚染問題を一挙に顕在化しました。
> 　本章に目を通した後、「総理」というところに議員、知事、町長、裁判官、検察官、学者、ジャーナリスト、などと入れ替えて、それぞれが果たすべき役割を考えてみましょう。
> 　放射能汚染問題は、誰にとっても、避けることのできない現実なのです。
>
> 　　　何よりも我々自身にとって　・・・

1-01 原子力総合防災訓練
実際起きたらどうなりますか

2014年11月2~3日実施

志賀原発防災訓練

参照:内閣府報告書 (注1)

志賀原発2号機
定格出力運転中

石川県に
震度6強地震発生
送電鉄塔倒壊
外部電源喪失
非常用ジーゼル発電機停止
注水機能喪失

全面緊急事態

緊急事態宣言

原子力防災会議議長

内閣総理大臣

屋内退避
緊急輸送
避難実施
ヨウ素剤配布
一時移転
食料輸送
・・・・

２日間にわたる防災訓練

終了

訓練が終われば、人々は日常生活に戻ります。

自宅に帰り、畑に出、家畜の世話をし、漁業に従事し、
出勤し、通学し、保育所や幼稚園に通います。

… しかし

家畜は？ 田畑は？ 漁場は？ 学校は？ 病院は？
保育所は？ 役場は？ 道路や鉄道は？

日常生活には戻れません

福島第一原発事故の現実を見れば明らかです。

事故後、東京都の約半分、札幌市とほぼ同じ広さの汚染地域が、人の住めない避難指示区域に指定されました。

汚染した農地、住宅、遺棄された家畜、操業できない漁場、工場、閉鎖された学校、病院、無人の商店街・・・

子どもの甲状腺癌の心配・・・
家族の分断・・・
地域の崩壊・・・

原発事故は「逃げた後」にこそ、「放射能汚染」「健康被害の恐怖」という長い過酷な現実が待っているのです。

1-02　事故は想定、被害は想定外！

＜再稼動、一番心配なのはこれだ！＞

　原子力規制委員会の「安全審査」や、政府による「防災訓練」が行われ、知事等の同意を経て、原発再稼動が続いています。

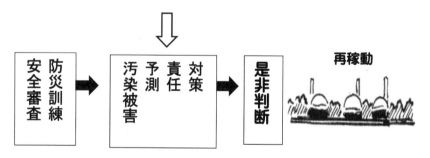

　　　　我々が一番心配しているのは
　　　　　　　これなんだよ
　　　逃げれば済む問題じゃない

＜知事の立場になって想像してみよう＞

　県民を守ろうとするなら、当然こう言うはずだ。

　県民の皆様が、福島第一原発事故と、その後の推移から、「放射能汚染」という被害に大きな関心を持たれていることは、当然のことであると認識いたしております。

知　事

　県と致しましては、防災訓練をしたからといって、事故が無くなるものでないことはもとより、汚染被害を無視して良いということにもならないことは、重々承知しているところでございます。

　原子力災害が想定される以上、それによる被害を想定しなければならないことは、あまりにも当然のことであります。

　福島第一原発事故を受けて、放射性物質が、法律上公害原因物質に位置付けられましたことは、当県の、県民に対する責任と役割が、格段に大きくなったものと認識しているところでございます。（注2）（注3）

　そこで、再稼動に対する当県の対応を決めるに当たりましては、想定される被害の情報を県民の皆様にお伝えし、ご意見をお聞きすることが、最優先、かつ、再重要課題と考えてきたところでございます。

　今般、過酷事故に伴い想定される被害につきまして、関係部局に指示を致しまして、とりまとめを行いましたので、ご報告させていただきます。

　この「とりまとめ」は、国の提供する汚染予測図などを参考に、各部局において把握していますところの調査統計資料等に基づいております。これらの資料は、既に、原子力防災計画のために蒐集整理してきたものであります。（注4）

　これらの資料をもとに、被害を想定した結果は、以下のとおりであります。

想定される放射能汚染被害のとりまとめ

△△ 県知事

* 放射能汚染により、1年以上耕作不可能となる県内の耕地面積は・・・
* 原子力災害特措法に基づく出荷制限を受ける県内の主要農産物別の予想量と、被害金額は・・・
* 1年以上生乳の出荷制限を受ける乳牛の頭数と被害金額は・・・
* 放射能汚染により操業停止を余儀なくされる海域と、損害額は・・・
* 30km圏外への一時避難の予想人員は・・・
* 事故後、被曝を避けるために帰宅困難になる人の数は・・・
* 1年以上閉校する学校は・・・
* 住民被曝線量　年1mSv以下△△名、50mSv以下△△名、100mSv以下△△名・・・　年齢別予想・・・
* 新幹線の不通区間と、再開までの予想期間は・・・
* キログラム当たり100ベクレルを超えるがれきの発生量は・・・

　　農業、漁業、商工業関係者をはじめ県民の皆様から、かくも多くのご意見をいただき、心から感謝申し上げます。これらのご意見を踏まえ再稼動問題についての知事としての考え並びに取り組みをご報告いたします。

知　事　従来、国も自治体も、原子力の問題を安全性、防災に限定し、放射能汚染という最大の問題に触れないように扱ってきました。環境基本法が改正され、放射性物質が公害原因物質に位置づけられた今、もはやそれは許されません。しかし、「とりまとめ」にあるような、甚大な放射能汚染被害について、これを想定した対策は何もなされておりません。県民の健康、安全、地域の環境保全に責任を持つ者として、このような現状を無視して、再稼動に同意することは、到底できるものではありません。

　加えて、原発敷地内には、危険な使用済燃料が保管されており、廃炉

解体に伴う汚染問題と併せて、人と環境への長期にわたる脅威となっております。

国は、法制度の抜本的見直しを決めながら、放射能汚染に対処する公害法の整備は遅々として進んでおりません。国に対して引き続き公害・環境関係法の整備を強く求めていくとともに、県として放射能汚染防止の条例整備などに努力してまいります。

電力会社に対しましては、本日再稼動に同意しないことを通告し、再稼動をしないよう、申し入れを行ったところでございます。

（関連：市民運動実践例　注5　資料3）

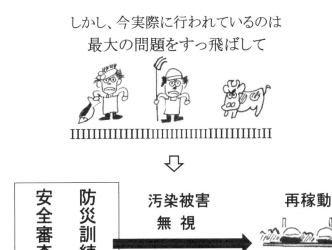

法律を探しても
汚染被害のことは
なにも書いてない・・・

人間のやってることは
さっぱりわからん
どうなってるんだ？

＜一億人の勘違い＞

　総理大臣が原子力防災会議の議長として、過酷事故を想定した防災訓練を行っているのです。事故を想定するなら被害を想定するのが当然です。

　総理大臣を筆頭に、防災訓練をすれば、その後の汚染などないかのように振る舞っています。

　なぜ「被害」は想定しないのだろうか、なぜ、被害を想定した法律を整備し対策を立てないのだろうか、法整備も無く対策も無いのに再稼動してよいのだろうか、当然過ぎる疑問です。

　放射能汚染対策が必要なのは過酷事故だけではありません。原発、再処理施設、廃棄物管理施設・・・そこには既に生み出された膨大な量の核分裂生成物がたまっています。総ての原子力施設は、放射能汚染という原子力公害の発生源施設なのです。超長期に及ぶ汚染防止対策が必要です。しかし、対応する法整備はなされていません。

　原発はなぜ問題なのか、放射能汚染によって人と環境に害を及ぼすからです。安全性や防災対策で事足りるような問題ではありません。

　総理大臣を筆頭とする幼稚な勘違い・・・　大多数の人々も疑問に思わない・・・　一億総勘違い状態ではないでしょうか。(注6)(よくある質問 Q5)

防災訓練で汚染がなくなるのか？
国全体が、何か
とんでもない勘違いを
しているんじゃないのか？

＜福島第一原発事故のときもおかしかった＞

普通、これほどの大事故があったら・・・

事故現場の捜索に引き続き、
今日も大量の捜査員が動員され

東京電力本社　原子力安全保安院
原子力委員会　原子力安全委員会
環境省　文科省　経産省など
関係先の捜索が続いています・・・

となると思っていたが
現場検証も、捜索も、逮捕も
強制捜査一切無し

検察は被害者と　　福島でも　　　　警察も検察も消防も
ともに泣く　　　　泣いてもらいたい　放射能怖いよね

そのせいかな？

＜汚染被害無視は過酷事故だけではない＞

公害は、汚染者の責任を問う
法律を整備して防止するのだが‥‥

原発の平常運転による
大気汚染の責任を問う
法律も

原発の平常運転による
海洋汚染の責任を問う
法律も

再処理施設からの垂れ
流しによる海洋汚染の
責任を問う法律も

放射性廃棄物埋設処分
場の地下水漏洩に伴う
土壌汚染の責任を問う
法律も

汚染水の垂れ流しの
責任を問う法律も

第1章　総理！　逃げた後は　どうなりますか

事故由来汚染廃棄物の
ズサン管理による汚染の
責任を問う法律も

学校や保育所の近くで
汚染廃棄物の焼却を
禁止する法律も

土壌を汚染して農地を使用
不能にした者の責任を問う
法律も

人間に基準を超えた被曝
をさせた者の責任を問う
法律も

・・・・・・　いずれも無い

　総ての原子力施設は、放射性物質による環境汚染について、なんら法的責任を問われないのです。
　汚染の結果被曝させても責任を問われません。

　　放射能汚染は　　　　　　　　　なぜ責任が
　　公害じゃないのか　　　　　　　ないんだ

どうして被害を無視する法律になっているんだ

理由はこれだ

公害・環境関係法律

⇩

放射性物質適用除外

放射性物質は

公害原因物質扱いしない

原子力産業に対する

公害責任の全面的な例外扱い

1-03 放射能汚染 公害・環境関係法律の適用除外

＜三つの法律分野＞

原発の負の側面である災害や被害の問題は、大きく分けて、安全対策、防災対策、公害対策という三つの法律分野に係わっています。

① 安全対策	② 防災対策	③ 公害対策
原子力 基本法 ⇩ 原子炉等規制法が安全に関する下位法の中心	災害対策 基本法 ⇩ 原子力災害特措法が防災に関する下位法の中心	~~環境 基本法 ⇩ 大気汚染防止法、水質汚濁防止法、土壌汚染対策法が汚染に関する下位法の中心~~

← ← 適用除外
放射性物質による汚染防止のための措置

原子力基本法とその他の関係法律の定めるところによる
（環境基本法13条）（注7）

放射性物質は、もともと、大気を汚染し、水質を汚濁し、土壌を汚染する公害原因物質です。（環境基本法2条3項参照）

　しかし、放射性物質は、1967年の旧公害対策基本法制定以来、福島第一原発事故に至るまで③の公害・環境関係の法律分野から全面的に適用除外にされてきました。

　大気汚染防止法、水質汚濁防止法、農用地汚染防止法、土壌汚染対策法などの主要な公害規制の法律は勿論、他の公害・環境関係の法律も全面的に適用除外にされてきました。

　放射性物質の公害・環境関係法律からの適用除外により、放射性物質に関する問題は、原子力基本法とその関係法律、原子力災害特措法がほぼ全面的に扱うようになったのです。

　こうして原子力産業がもたらす負の課題は、法制度上、安全、防災問題に限定され、最も重要な放射能汚染という公害問題は課題から外れました。

　かつて「原子力公害」という表現も使われていましたが、適用除外により死語化してしまいました。

＜法の空白＞ 公害規制に関する法律を適用除外にし、「原子力基本法その他の関係法律の定めるところによる」としましたが、原子力基本法以下の法律は公害規制法ではありません。実際にも公害規制は行っていません。こうして、放射性物質に対する公害規制は、法律の世界から消えてしまったのです。これが「法の空白」と言われる仕組みの実態です。

＜産業規制の法律を排除し産業振興の法律へ＞

　では原子力基本法とその関係法律は、どのような法律なのでしょうか。適用を排除された環境基本法と対比するところから始めましょう。

二つの基本法体系の違い

環境基本法
（旧公害対策基本法）
大気汚染防止法
水質汚濁防止法
土壌汚染対策法
その他公害関連法

産業を規制する法律

原子力基本法
原子炉等規制法
その他の原子力関連法

産業を振興する法律

＊環境基本法とその関係法律は産業活動を規制する法律

　環境基本法は、公害国会で体系化された旧公害対策基本法をそっくりそのまま引き継いでいます。我が国の公害法は、産業活動がもたらした深刻な公害被害から、人の健康や環境を守るために、産業活動を規制する法律として形成されたのです。(注8)
　環境基本法の「公害」の定義規定には以下のように書かれています。

環境基本法の「公害」定義規定
第2条第3項　この法律において「公害」とは、環境の保全上の支障のうち、事業活動その他の人の活動に伴って生ずる相当範囲にわたる大気の汚染、水質の汚濁、土壌の汚染、騒音、振動、地盤の沈下及び悪臭

によって、人の健康又は生活環境に係る被害が生ずることをいう。
　＜条文中のカッコ書き部分は省略＞

＊原子力基本法とその関係法律は産業を振興する法律

　一方、原子力基本法は、日本が国策として原発を導入した際に、原子力利用を推進し、産業振興を図ることを目的に制定された法律です。この目的は原子力基本法第1条に書かれているとおりです。

　　　　　　原子力基本法の制定目的が書かれた条文
第1条　この法律は、原子力の研究、開発及び利用（以下「原子力利用」という。）を推進することによって、将来におけるエネルギー資源を確保し、学術の進歩と産業の振興とを図り、もって人類社会の福祉と国民生活の向上とに寄与することを目的とする。

　原子炉等規制法や原子力規制委員会設置法も、原子力基本法という産業振興法の下位法に位置づけられた法律です。

＜国民の力で作った法律と国策で作った法律＞

　二つの基本法体系の違いは、産業規制と振興という、立法目的・性格の違いだけではありません。法律の生成過程も対照的です。

　環境基本法の前身である旧公害対策基本法とその関係法律は、公害による悲惨な状況の中で国民が「反公害」運動を押しすすめ、抵抗する産業界や行政の壁を乗り越えて国会を動かして作った法体系です。

　このような、人権を守るための総合的な法体系を、国民が内発的な運動によって生み出した例は他にはありません。

　一方、原子力基本法とその関係法律は、原子力利用を国策として導入するために制定された法体系です。国はこの法体系の下で、「炉型の戦略

は軽水炉から高速増殖炉へを原則とする」などの勇ましい国策スローガンを掲げ、核燃サイクル構想を柱とする原発政策を強力に推し進めてきました。

原発産業は、電気事業法による「九電力体制」という独占体制に支えられながら、文字通り産官一体となって膨張してきたのです。

このように、原子力関係の法律は、国主導で形成された法律です。主権者の運動が原動力となって形成された公害関係の法律とは逆の意味で、他の産業分野には見られない法体系なのです。

＜過酷事故を契機に法の矛盾が噴出＞

放射能汚染は公害です。公害は産業活動に伴う人権侵害です。

公害から人権を守るべきテーマを、産業を振興するための法律分野に委ね、公害を公害として扱ってこなかった矛盾が、過酷事故を契機に噴出しているのです。

原子力公害
ないものとして扱ってきた

大気汚染
原子力施設　水質汚濁
土壌汚染

大規模原子力公害発生

福島第一原発事故後
国は法制度の抜本的
見直しを決めています

「抜本的見直し」をさせるには
二つの基本法の違いを
あいまいにしないことが大切

1-04　世界と日本：放射能汚染問題
　　　　人類史的不可避の課題

＜無いかのように扱われてきた放射能汚染＞

　原発は、原子爆弾の応用技術として出発しました。

　冷戦構造のもとで、アメリカ、ソ連、イギリス、フランス、中国などは、核実験を繰り返し、核兵器の開発・保有を正当化するために、汚染の実態、被曝による被害を秘密扱いにし、過小に見せかけてきました。

　これと並行して膨張してきた原発もまた、放射能汚染という被害を無いかのように扱ってきました。

　このような歴史的背景が、国際的にも国内的にも、放射能汚染から人と環境を守る法制度の生成を妨げてきました。

＜必然だった放射能汚染問題の浮上＞

　原子爆弾と原発は、地球各地域を汚染し、人々に被害をもたらしてきました。

　420基を越えた世界の原発は、なお増え続け、日々核分裂生成物を溜め続けています。

　アメリカのネバダやマーシャル群島の核実験による汚染、スリーマイル原発事故、ソ連のカザフスタン核実験場の汚染やチェルノブイリ原発事故による汚染、イギリスやフランスの南太平洋の核実験による汚染、イギリスによるカンブリア地方・アイリッシュ海の汚染、中国によるウイグル自治区やカザフスタンの汚染、ドイツのアッセ地下廃棄場の地下水汚染。

　いくら放射能汚染を「無いもの扱い」しても、人類史的課題として浮上す

るのは時間の問題だったのです。

　2011年3月、日本で福島第一原発事故が発生しました。東京都の約半分、札幌市とほぼ同じ広さの汚染地域が避難指示区域に指定されました。そして、メルトダウンした核燃料は日々汚染水を排出し続けています。

　福島第一原発事故を契機に、チェルノブイリ事故による汚染の影響に改めて注目が集まり、廃炉に伴う汚染防止の困難性が浮き彫りになるなど、「放射能汚染」という人類史的課題が全体の姿を現しつつあります。

　人類は、否応なしに「放射能汚染」という現実に、正面から立ち向かわなければならなくなったのです。

＜日本での法的矛盾の露呈は歴史の必然＞

　福島第一原発事故を契機に、日本では、法制度の欠陥が露呈し、国会は、その抜本的見直しを決めました。これは、事故によって偶然発生した課題ではありません。原発導入以来、無いかのように扱われ、背後に押しやられ、潜在化してきた課題が、事故を契機に一挙に表面化したに過ぎません。

　放射能汚染に対する法の欠落という課題は、世界共通の課題です。それが日本で先行して現実化しました。地球上で最も危険な、プレートのひしめき合う地震列島に54基もの原発を建設し、一度に三基もの原子炉をメルトダウンさせたからです。

　世界に先行して深刻な放射能汚染問題に直面した日本が、世界にさきがけて法整備に取り組まなければならなくなったのは当然のことなのです。

　この法整備問題は、回避しようとしてもできない歴史の必然だったのです。

＜人類史的負の遺産と今に生きる者の責任＞

放射能汚染は地球各地域に及んでおり、負の遺産である核廃棄物は溜まり続けています。

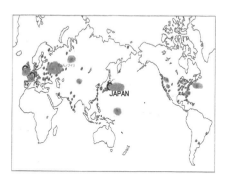

わずか半世紀ほどの間に世界の稼働原発は420基を越えるに至りました。資源エネルギー庁は2030年までに最低でも30％増、多ければ倍増すると予想し、IEA(国際エネルギー機関)も2040年までに60％増と予想しています。アジアでは大人口を抱える中国、インドが原発大国への道を加速させています。

このまま推移していくと、どうなるのか、対応不可能な放射能汚染が、地球全体に広がることは避けられません。

汚染の影響を受けるのは、現在に生きる我々以上に、未来の人々です。未来の人々は、現在意見を述べることはできません。我々は、未来の人々から「地球を汚染するな」と要求されていると考え、責任を果たす義務があるのです。

＜未来の人々＞

(第1章の注記)

注1 平成26年度原子力総合防災訓練実施成果報告書　平成27年3月内閣府政策統括官　福島事故後作成された防災マニュアルによる初めての防災訓練の報告書です。

注2 福島県は、環境基本法改正に伴う県環境基本条例の改正を行っています。その改正の説明文で「環境基本法の改正により、放射性物質が公害の原因物質に位置づけられた」としています。しかし、その改正内容は「県は・・・必要な措置を講ずる」という抽象的な内容に止まっています。

注3 自治体の条例制定権

公害法の体系で重要なのは自治体の役割です。国より厳しい条例を制定すること(上乗せ条例)、国の規制対象外の事項や地域を規制する条例を制定すること(横出し条例)については、大気汚染防止法(4条1項、32条)も、水質汚濁防止法(3条3項、29条)も、明文で認めています。従って、県は放射性物質について条例で規制できることになったのです。その役割と責任は格段に大きくなりました。

注4 都道府県は、自治体内の人口分布状態、産業構造、民間や公共施設などの詳細なデータを持っています。原子力防災訓練の基礎資料として整理把握していますので、損害の予測や想定は何ら難しいものではありません。

注5 「北海道電力泊原子力発電所についての質問書」2014年11月7日付北海道知事宛　放射能汚染防止法を制定する札幌市民の会　資料3

この質問書は、農業、漁業、林業、観光、製造・加工、その他の産業について、想定される被害についての詳細な質問を行っています。札幌市民の会はこのような活動を全国の原発所在地で行うよう呼びかけています。質問事項書は、少しの手直しで全国共通使用可能です。市民ネットワーク北海道ホームページでも提供中。

注6 放射性物質の公害関係法からの適用除外は、法律上、放射能汚染という被害を課題から外すこと、すなわち法律的には「考えないこと」にしたことを意味します。このため、多くの人々も、放射能汚染という被害は課題と

して意識しなくなっていたのです。法律家の世界も同じでした。

　このことは、安全性や防災の問題を軽視してよいというのではありません。その逆です。この「放射能汚染という被害＝原子力公害」を法的課題から外し、結果に責任を負わない法制度が、ずさんな安全審査や地域の実態に即さない防災対策をもたらす、という悪循環の構造になっているのです。

　個別原発の具体的安全性の次元に課題を限定してしまうことがないよう注意する必要があります。「事故が起きたらお終いだ」「事故を起こさないようにしよう」が、いつの間にか事故後の被害は考えない、という考えに陥りがちです。事故を起こさない原発は作れないのです。そのため法律上事故を想定し防災訓練が行われているのです。事故を想定する以上汚染を想定しなければならないのは当然です。

　「原子力公害」という表現に違和感を持つ方、環境基本法改正の意味がピンと来ないという方は、無意識のうちに「法制度によって」誤導されているかも知れません。次の第2章の後、第6章を読んでみてください。放射能汚染を公害として扱うことの決定的な意味を実感していただけると思います。

注7　削除前の環境基本法13条「放射性物質による大気の汚染、水質の汚濁及び土壌の汚染のための措置については、原子力基本法(昭和３０年法律第１８６号)その他の関係法律の定めるところによる。」

注8　1970年の公害国会に先立つ1965年に設置された公害対策の委員会名は「産業公害対策特別委員会」と「産業公害」が入っていました。

第2章 原子力法は人と環境を
どう扱っているか

> 　現在の法制度の下で、人と環境が、放射能汚染からどのように守られているのかについて説明します。
> 　ここで述べていることは、様々な原子力問題を考える上で是非とも知っておいてほしい、基本中の基本です。
> 　放射能とか被曝線量、さらにその法制度となると専門的で複雑に感じます。
> 　しかし、我々自身が放射能汚染からどのように守られているのか、という問題意識を持って整理すると、以外とシンプルです。
> 　放射能汚染問題は、我々自身の問題です。専門家任せにしないで、問題の核心をガッチリつかみましょう。

2-01 汚染にも被曝にも結果に責任を負わない原子力法

＜責任なき、濃度規制と線量規制があるだけ＞

　削除前の環境基本法第13条は、放射性物質による汚染の防止のための措置について、「原子力基本法その他の関係法律の定めるところによる」としていました。（注1）

　では、その原子力基本法その他の関係法律は、放射性物質をどのように扱っているのでしょうか。措置（規制）の内容を見ていくことにします。

　放射能汚染の問題は、「難しい」というイメージが持たれていますが、現在の原子力法の放射能汚染防止の制度は、極めて簡単です。違反しても責任を問われない「濃度規制」と「線量規制」があるだけです。この二つの制度の内容を知れば、人や環境がどのように扱われているかを知ることができます。あらかじめ原子力関係の法律による規制を略図で示しておきます。

＜原子力関係の法律による放射性物質の扱い＞

原子力施設	①排出・汚染	②被曝・被害
原子力発電所 再処理施設 廃棄物保管施設 廃棄物処理施設 その他	排出を規制し汚染を防止する制度 ＝濃度規制 薄めて捨ててよく 違反には責任が無い 【汚染に責任なし】	被曝から公衆を守る制度 ＝線量規制 違反に責任がない 【被曝に責任なし】

公害規制で最も重要なのは、①の段階において大気や水質を汚染させないこと、すなわち排出規制＝「ばらまく」ことを取り締まることです。

　公害規制の中心的な法律である大気汚染防止法や水質汚濁防止法は、①の段階で厳しい取り締まりをしています。一定の基準を定めて（規制基準）、これに違反した者を処罰するという構造になっています。

　要するに「汚染するな、すれば罰する」という命令が基礎構造になっていて、汚染に「責任を負う」法律です。

　これに対して、原子力の関係の法律は、①の放射性物質を施設外にばらまいて汚染することは「想定しない」制度になっています。次の2-02で述べる「**濃度規制**」と言うものがありますが、罰則を伴わず、「汚染するな、すれば罰する」という公害規制における基礎構造が欠落しています。汚染の結果には「責任を負わない」法律です。冷却水漏れ事故を起こして、周辺海域を汚染しても、処罰の対象になっていないのはこのためです。

　汚染に責任を負わないばかりか、汚染の結果、人を被曝させても責任を負いません。（②の段階）。この点は**線量規制**を巡って2-03で詳しく説明することにします。

　以上のような特別扱いは、他の産業分野には見られない原子力産業に特有の制度です。

---

① のばらまく段階と
② の被害の段階を
　　分けて考えると
　　わかりやすいよ

法律用語では大気は排出
と言うけど　大気の場合は**排気**
水質の場合は**排水**と呼ぶこと
にするからね

この後しばらく　①の汚染の段階の説明が続きますよ

2-02　汚染しても責任がない
　　　　量規制なき濃度規制

＜排出「量」の規制がない＞

　公害規制では、公害原因物質の施設外への排出の「量」を規制することが重要な課題になります。

　大気汚染防止法、水質汚濁防止法では地域を指定して総量規制を行っています。違反には当然罰則が伴います。

　これに対して、原子力関係の法律は、放射性物質について**濃度規制**を行っているだけで、排出「量」(ばらまく量)に制限を設けていません。

　排出の量についての法制度は、電力会社が「保安規定」に「**年間放出管理目標値**」を記載することになっています。しかし、これは文字通り「目標値」に過ぎず、法的遵守義務はありません。

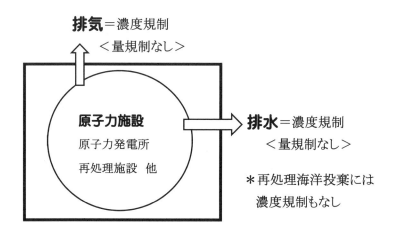

＜重過失による汚染にさえ責任がない＞

　故意に核物質をばらまく行為については放射線発散処罰法（正式名称「放射線を発散させて人の生命等に危険を生じさせる行為等の処罰に関する法律」「核テロ処罰法」と略称されることもある。）がありますが、原発事業者の過失によるばらまき行為を取り締まる法律はありません。このため、ずさんな管理によって放射能漏れを起こしても責任を問えないのです。
重過失：このような「ずさんな管理」を法律用語では通常「重過失」と言います。高速増殖炉もんじゅの数万点に及ぶ点検漏れのような「ズサン管理」が常態化していた背景には、重過失の刑事責任さえ問えない法制度の欠陥があるのです。

＜薄めれば無制限に捨ててよい濃度規制＞

　原発をはじめ原子力施設では、量規制のない濃度規制方式が採用されています。濃度規制というのは、排気や排水に含まれる放射性物質を「濃さ」で規制することです。濃度規制は薄めて放出すればよいので、放射性物質の排出量全体に制限はありません。原発では大量の水で希釈して放出しています。但し再処理施設の海洋投棄では濃度規制さえもありません。
　原子炉等規制法の規則では、気体状、液体状の放射性廃棄物の廃棄方法として「多量の空気による希釈」「多量の水による希釈」などの方法によって、放射性物質の濃度をできるだけ低下させて放出するように定められています。量規制なき希釈・拡散政策が原則化しているのです。（注2）
　大気汚染防止法、水質汚濁防止法では、前記のように総量規制が行われています。又濃度規制についても、ばいじんについては、空気で薄める脱法行為を防止するための測定方法を講じています。（注3）　水質汚濁に

ついて、水で薄めることを認めない条例を制定している自治体もあります。
（注4）

放射性物質濃度限度の例（実用原子炉）　　　（注5）
* 水の状態にあるトリチウム（三重水素）β線を出す。半減期 12.5 年
　　　^3H　化学形等＝水
　　　周辺監視区域外空気中濃度限度＝$5×10^{-3}Bq/cm^3$
　　　　　　（$5×10^{-3}$は 1000 分の5）
　　　周辺監視区域外水中濃度限度＝$6×10^{1}Bq/cm^3$
* セシウム 137　γ線を出す。半減期 29．68 年
　　（放射性物質の種類が明らかで1種類の場合）
　　　^{137}Cs　化学形等＝全ての化合物
　　　周辺監視区域外空気中濃度限度＝$3×10^{-5}Bq/cm^3$
　　　周辺監視区域外水中濃度限度＝$9×10^{-2}Bq/cm$

注　Bq/cm^3 とあるように体積当たりの濃度であり、希釈すれば違反になりません。法律が積極的に量規制のない希釈・拡散を行わせているのです。

＜その濃度規制違反には罰則もない＞

　濃度規制違反に罰則はありません。操業停止などの行政処分は考えられますが、これまでにそのような例はありません。
　大気汚染防止法、水質汚濁防止法の濃度規制は当然罰則を伴います。

＜再処理の海洋投棄には濃度規制さえない＞

　再処理事業には排水の濃度規制がありません。
　青森県六ヶ所村の再処理工場では、排水は沖合3km先の水深44m の海

洋放出管から時速20kmで噴出することが行われています。排水の濃度規制がないのは、希釈用の水が大量に必要で、物理的にも費用的にも困難を伴うからです。

再処理事業では、濃度規制に代えて「線量規制」を行っています。(注6)

線量というのは、排出した放射性物質の量を測る単位ではありません。被曝の結果人間の身体がどれだけ影響を受けるかの単位です。排出規制の段階にシーベルト単位を持ち込んだのは、放射線の「イロハが分かっていない」ことになります。

＜汚染水問題では＞

汚染箇所は
何ミリシーベ
ルトでございま
す　　東電

重さを長さの単位で
表すようなものだ
イロハを分かっていない
規制委員会委員長

（注7）

放射能汚染源として最も恐れられている再処理事業ですが、科学のイロハに反し、線量規制で定めているのは、当の原子力規制委員会自身です。

是正勧告書

　貴委員会は再処理事業においてベクレル単位で濃度規制を行うべきところシーベルト単位の線量規制を行っている。
　重さを長さの単位で表すようなものだ。イロハを分かっていない。
　よって、速やかに是正するよう勧告する。

原子力規制委員会

2-03 被曝させても責任がない 公衆被曝線量規制

ここは私が
リポートします アリス

＜人はどう守られているか　公衆被曝線量＞

ばらまいてしまった後の被曝のことだけど、えーと…
端的に言って、被曝させたからといって、罰する法律はないし…

何が端的だ、さっぱりわからん
あの1ミリシーベルトとか
いうのは、なんなんだ
もっと分かりやすく説明しろ！

ハイハイ

まず1ミリシーベルトの意味から

原子力施設
原子力発電所
再処理施設
廃棄物保管施設
廃棄物処理施設
その他

→ **①排出**
どれだけの量
排出したかは
ベクレル(Bq)
で表す

⇒ **②被曝**
その結果浴びた放射
線でどれだけ身体に
影響するかはシーベ
ルト(Sv)で表す

公衆被曝線量 1mSv というのは　②の段階
のものです　①のばらまく段階の規制が
ひどいことは　すでに述べられているとおりです

そこまではわかった
とりあえず

公衆被曝線量基準1ミリシーベルトは間違いなく法律による基準です。しかし、その決め方が公害規制の常識では理解しにくい特殊なものなのです。

関心の高いところです。わかりやすさに徹して説明します。

＜原発の例で説明します＞

原発を建設して運転するためには、電力会社は、原子力規制委員会から原子炉の設置許可をもらいます。

そして電力会社は、運転開始前に保安規定を作成し認可をもらいます。

原子炉設置許可

原子力発電所
保安規定
電力株式会社

原子力規制委員会
保安規定認可

運　転

電力会社は、この保安規定に従って原発を運転します。

この保安規定には原発の周辺を周辺監視区域と定めてあります。

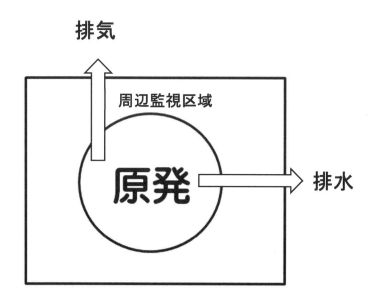

原子炉等規制法では、周辺監視区域を「定義」して、その外側が被曝線量年 1mSv（1 ミリシーベルト）を超えるおそれがない区域としています。

次に、この 1mSv を
図に書き加えます

第2章　原子力法は人と環境を どう扱っているか

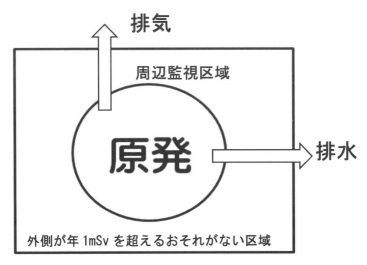

真横から見ると、次のようになります。

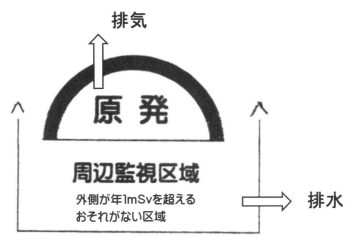

保安規定によって外部の
人は1ミリシーベルト以上
被曝しないことになります
ということです

これだけです
他の原子力施設も
　同じです

これだけ？
1mSv 超えて被曝させたら
どうなるの？
罰を受けるでしょ

受けません 「1mSv 以上被曝させたら罰する」という法律ではないのです 保安規定があるから 1mSv 以上被曝しないことになってるよ という法律です

いい加減な管理で何百ミリシーベルトも被曝させたらどうなるの 罰あるでしょう いくらなんでも

ありません どんなに被曝させても公衆を被曝させることを罰する制度にはなっていないのです 症状が出て刑法の過失傷害に当たることが考えられる程度です

アリス、おまえワシらを
からかっとんのか？
いったい、どういう
　法律なんだ

まじめですよ

＜要するに＞
　電力会社が作った保安規定では、「周辺監視区域の外側では、排気も排水も、人は 1mSv 以上被曝しないように設計してあります。それを超えて被曝するようなことにはなっていないから余計な心配はしないで、安心していいですよー」という法律です。
　実際に超えたら？　何の処罰も受けません。今言ったつもりだけど

＜法律上の根拠が無い20ミリシーベルト＞

じゃ、これはなんなの
20ミリシーベルトのところに
子どもを住まわせるとか

避難した人たちを
帰還させるとか ・・・

法律で決まってもいないのに
こんな大変なことを税金で
仕事をしている人が
言うわけ無いでしょ

法律で決まっているのは
1ミリシーベルトだけです
公衆を20ミリシーベルト
まで被曝させてもよいと
いう法律はありません
　　　　　　　（注8）

原発で働く人や、放射線を扱う
学者さんは、もっと安全なとこで
仕事していると言うじゃない

その人達は労働安全
衛生法などで特別な保
護を受けています
図を見てください

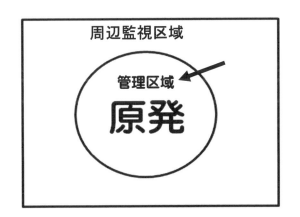

管理区域と書き込みま
した　年間5.2mSv以
上被曝するおそれのあ
る場所です
　（3月1.3mSv）
飲食禁止や出入りの鍵
管理など、厳しい管理
が行われています

この管理区域は、原発関係の法律だけでなく、労働安全衛生法、放射線障害防止法も同じ内容で決められています。労働安全衛生法の「**電離則**」は放射線従事者の間で、最も身近な法規です。学者もこれで守られています。違反は労働安全衛生法違反として使用者は罰せられます。（注9）
　この飲食禁止や厳しい出入り制限のある管理区域設置基準の4倍近い放射線を浴びるところに人間を住まわせてもよいというのが福島第一原発事故後の国の方針なのです。

電離則

放射線管理区域設定基準

年間 5.2 ミリシーベルト

ストレスの方が
健康に悪い

100mSv 有意な
影響は認められ
ない

不安をあおるな

自分たちは罰則付の
電離則で守られながら
こんなことを言う人が
ごっそり出てきました

自分たちを守る
管理区域を20ミリとか
100ミリシーベルト
に緩めて医療費を下げ
ようという人はいません

なぜ、一般人はこんな扱い
受けるの　法律もないのに
わけわからんわ

⇨

私も、分かるまで大変でした
これは災害法が濫用されて
いることと関係しています

＜原子力災害特措法の濫用＞

　20ミリシーベルトは、原子力災害特措法の緊急事態宣言に伴う避難基準として設定されたものです。

　原子力災害特措法による避難基準は、公衆の被曝線量基準とは別です。原子力災害の際「緊急事態なので避難せよ」という防災上の措置として設定される数値です。緊急事態宣言があろうがなかろうが、それに伴う避難基準がどのように決められようが、法律上の公衆線量限度は同じです。

　本来公衆被曝線量の基準は公衆を被曝から守るための基準ですから、防災上の避難基準としてもこれを尊重して1ミリシーベルトに設定すべきです。しかし、これを越えて設定したからといって、公衆被曝線量の1ミリシーベルトが変更されるものではないのです。また、東電の賠償責任が左右されるものでもありません。

　従って、避難指示が解除され、そに住むことになった人には、当然公衆被曝線量限度1ミリシーベルトが適用されるべきものです。

　ところが政府は、原子力防災の避難の基準に決めた年20ミリシーベルトを、防災目的の枠を越えて公衆被曝線量基準の代わりに用いるという、法制度の濫用を行っているのです。

　政府は、法律上の公衆保護の基準である1ミリシーベルトを無視して、20ミリシーベルトを基準に、原子力防災法による避難指示が解除されたのだから、そこに住めますよ、いやなら勝手にしろ、国も電力会社も責任は負わないぞ、という態度に出たのです。(第6章参照)

　政府は、原子力公害を規制する法律がないことをよいことに、原子力災害特措法を悪用して、堂々と法的根拠の無い被曝線量を押しつけています。一旦1ミリシーベルトという基準を無視してしまったので、汚染に合わせた防災の基準を作れば、その基準が通ってしまうという体制です。

それじゃ歯止めが無いじゃないか
次の事故が起きて100ミリシーベルトのところに住めとか言い出したらどうなるんだ

止めようがありません
国が堂々と違反しても
止められない法律になっている　それが問題なのです

　公衆被曝線量の問題は、関心が高いのに、どんな法律で、どんな欠陥があるのか、なぜ行政が法律の定めた基準に違反して平気でいられるのか、ほとんど理解されていません。ここまで述べて来たような法制度の欠陥が原発推進公務員の反順法精神と結合して被曝問題が扱われ、被災者が窮地に立たされ、ひどい目にあっているのです。
　これは法治主義からの逸脱です。この章と第6章の被災者の権利をワンセットで読むと、これを克服する道が、放射能汚染に対する公害法の整備であることが、ある程度実感を伴って理解できると思います。

　環境大臣が、1ミリシーベルトについて「何の科学的根拠もない」と発言しましたが、単なる個人の失言ではなく、大臣と頻繁に接触する環境省職員の反順法精神が身に付いた結果ではないか、そう捉える方が自然です。

＜市民が勝ち取った1ミリシーベルト＞
文科省＜交渉＞子ども福島ネット
暫定目安20ミリシーベルトを撤回
学校と除染目標1ミリシーベルトに

公害がひどかった当時の
お母さん達を思い出したよ
アリガトウネ
＜しかし20ミリ基準は維持＞

＜汚染地帯から避難する選択権もない＞

　ここからは、汚染されてしまった地域に住んでいる人や避難した人たちの権利について考えます。

＊チェルノブイリ法の１～５ミリシーベルト移住選択権

　ロシアのチェルノブイリ法では、居住禁止区域の隔離ゾーンの他に、移住を義務付けられるゾーン、移住の権利をともなう居住ゾーンに区分され、1ミリシーベルトを超え5ミリシーベルト以下の地域に居住している者には、居住と避難の選択権があります。居住を継続した場合も避難・移住した場合も損害賠償請求と社会的支援措置を受ける権利があります。（注10）

　簡略化すると　1ミリシーベルト～5 ミリシーベルト　＜移住権利ゾーン＞
　　　　　　　　5 ミリシーベルト以上～　　　　　　　＜移住義務ゾーン＞

＊日本は20ミリシーベルト人権切り捨て方式

　放射能汚染は公害であり、被曝させることは人権を侵害する加害行為です。国が法的根拠もなく、任意の数値を設定して住民に一方的に押しつけるようなことはあってはならないことです。

　しかし、国は法律上の根拠もなく、人の居住基準を20ミリシーベルトと一方的に設定しました。（6-03参照）そこには、住民の移住の選択などについては「権利」の片鱗さえもありません。切り捨て方式です。

　国の立場は要するに健康に「影響がない」ということです。

　しかし、このような政策は、これまでの国の公式見解にも反します。

　放射線被曝に関する国の公式見解は、「線量当量は少なければ少ないほど望ましい」とするもので、年間50マイクロシーベルトです。（注11）

発電用軽水炉施設周辺の線量目標値に関する指針について（抜粋）
　　　　　　　　　　1975年5月13日原子力委員会

> 「人工的な放射性物質の環境への放出もできれば少ないにこしたことはありません」「放射線防護上低線量の被ばくについて厳しい考え方に立ってみれば線量当量は少なければ少ないほど望ましいことであり」

　原子力委員会は、この指針において線量目標値を年間50マイクロシーベルト（1ミリシーベルトの20分の1）と定量化しています。

20ミリシーベルトは
その指針に比べて‥　　 　　400倍です

　上のような国の公式見解から言っても、国が法的根拠もなく、居住者の意思に反してなんらの選択権も無いままに一方的に基準を押しつけるのは違法と言うべきです。しかし、問題は、この国家の違法行為から住民を保護する具体的法規が存在しないということなのです。

＜行政が軽視する子ども・被災者支援法と国会＞

　2012年6月21日議員立法で「子ども・被災者支援法」が全会一致で成立しました。子どもの汚染地域からの避難等について期待されました。しかし、内容が具体性に欠け、行政がやる気にならなければ実効性を持たない法律なのです。実際、この法律に基づく政府の「基本方針」は、この法律が無くても当然行わなければならない施策の寄せ集め程度のものです。問題なのは、基本方針が、原子力公害の被害者を権利者としてではなく、災害救助の対象としてとらえていることです。このため、災害対策として住宅支援を一方的に打ち切るようなことが行われているのです。（注12）
　この法律は、放射能汚染が、人権を侵害する公害であるという原点に立ち戻り、人の「権利」として組み直す必要があります。この点は第6章で被災

者の権利の視点で説明してあります。

　この法律の執行状況は、国会と行政の病理的関係を如実に現しています。これほど行政公務員が国会を見下し、無能扱いしているのに、それが当然のように通用しているのです。議会の恥です。

＜次の事故に合わせて基準を作る体制＞

次の過酷事故が
起きたらどうなるの
風向き次第でもっ
とひどい汚染にも
なるでしょ

先のことを考えた法律は
作っていません　事故
が起きてから汚染に合
わせて原子力災害特措
法で基準を決めればい
いという方式です

　まさかこのような事故が二度も起こるとは想定外でした。と言って、汚染の度合いに合わせて基準を作って対処すればよいのです。福島第一原発の事故で、このような体制を作り上げてしまいました。100ミリシーベルトのところに人を住まわせて「有意な影響は認められていません」と一方的に言える体制です。

　国も電力会社も、福島第一原発事故の汚染だけではなく、次の事故による汚染にも責任を負わない仕組みを作ってしまったのです。

以上で私のリポートを終わります。
調べるのはしんどかったけど、
改めて、これは、ひどすぎる
絶対まずいと思いました。

2-04　農業被害無視
　　　　土壌汚染に規制無し

だいぶ解ってきた。
①ばらまいても責任がない
②被曝させても責任がない
どうやら、ひどい法律になっているようだな

心配なのは土壌だ　　　　　　汚染された牧草は
放射能で土壌を　　　　　　　　ごめんだからね
汚染したらどうなるの？

放射能による土壌汚染を規制する法律はありません。
土壌汚染に対する公害規制法は二つあります。
①　農地土壌汚染防止法
②　土壌汚染対策法
　いずれも、放射性物質は明文で適用除外になっています。仮にこの二法が適用になっても、事後対策だけの法律なので、汚染自体を取り締まる

ことにはなりません。放射性物質に適用するときは事前対策の法整備をすることが必要です。

　結局、現在の法律は、放射性物質で土壌を汚染することは想定していないのです。家畜のえさの汚染など全く念頭に置いていません。

法律がないから
汚染させても責任
　負わない
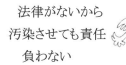

汚染させたら
想定外でしたア〜
で済んでしまう

人間は何を
やってるんだあ

2-05　漁業被害無視
　　　陸上施設からの海洋投棄は禁止外

　　　　　　　　我々も心配になってきたな

海の汚染は　　　　　　　　　　　　　ロンドン条約とかで
どうなってるの？　　　　　　　　　　禁止なんでしょ？

　ロンドン条約も原子炉等規制法も放射性物質の海洋投棄の禁止条項を設けています。しかし、船や海上施設からの投棄は禁止されていますが、陸上施設からの投棄は禁止されていません。なお海洋汚染防止法は、環境基本法改正後も、放射性物質適用除外規定を残したままです。(52条)
　原子炉等規制法の「海洋投棄禁止」の規定を見てみましょう。ロンドン条約と同じ内容の規定です。

> 原子炉等規制法の海洋投棄禁止条項(抜粋)
> 62条第1項　核原料物質若しくは核燃料物質又はこれらによって汚染された物は、海洋投棄をしてはならない。ただし、人命又は船舶、航空機若しくは人工海洋構築物の安全を確保するためやむを得ない場合は、この限りでない。
> 第2項　前項において「海洋投棄」とは、船舶、航空機若しくは人工海洋構築物から海洋に物を廃棄すること又は船舶若しくは人工海洋構築物において廃棄する目的で物を燃焼させることをいう。

　問題は第2項です。要するに、船で運んだり、海上に人工の施設を作ったりして、そこから放射性物質を海に捨てるのは禁止されるが、陸上の施設から海に捨てるのは禁止されないと言うことです。このため陸上施設からパイプラインを引いて海に捨てることが広く行われています。

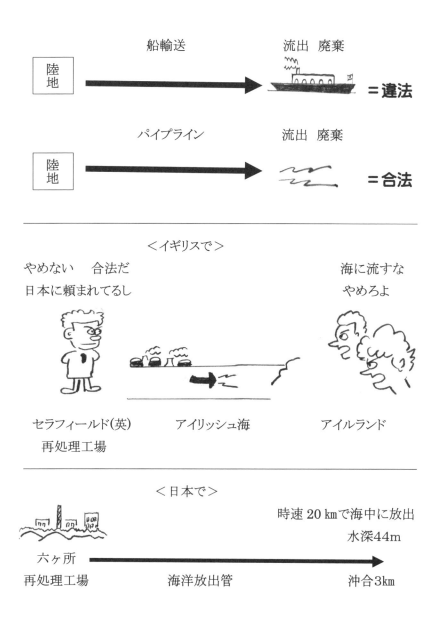

国際法上も国内法上も、陸上施設からの海洋投棄は、禁止する法規がないのです。再処理施設の沖合3キロのパイプラインからの排出は、陸上施設からの廃棄事業として行われているのです。そこでは線量規制であり、濃度規制が無く罰則もありません。（注13、2-02参照）

このため・・・

汚染水を垂れ流しても

速やかに拡散・希釈されましたア〜
人への影響はありません

どれだけ海にばらまいても責任なし
海の生物を守るという発想がない

責任がないというのは人間にとっては都合がいいようだね　ずさんな管理もしたくなる

いい加減にしろ

2-06 被害者に立ち向かう原子力法制度　公害企業の言い分と同じ

この章をまとめます。　**原子力法制度の三大特徴**

被害など
無いかのように扱う

あっても少なく扱う

責任は負わない

　今まで述べて来たように、このような公害企業の立場を制度化したような制度が、現在の原子力関係の法制度です。
　原子力産業に対しては、公害関係法律の全面適用除外によって、放射能汚染という原子力公害は、法律上ないもの扱いになってきました。
　福島第一原発事故による大汚染が発生すると、公衆被曝線量限度などあっさり捨て去って、「影響がない」ことにし、放射線取扱者が飲食を禁止される放射線管理区域の4倍も高いところに人を住まわせる誘導政策をとっています。子どもの甲状腺癌の多発も影響は無いことにして扱っています。
　福島第一原発事故後、国は、汚染しても、被曝させても責任を負わない法律制度を頑として維持し、さらにそれを強化している。
　これは、国が、原子力基本法という特別な法律まで作って、国策として保護育成してきた「親会社」のような立場にあるからです。原子力公害に関して、国は公害の加害企業と同じ立場に立って、被害者らに立ち向かっているのです。

（第 2 章の注記）

注1 削除された環境基本法の放射性物質適用除外規定
「第 13 条 放射性物質による大気の汚染、水質の汚濁及び土壌の汚染の防止のための措置については、原子力基本法（昭和 30 年法第 186 号）その他の関係法律の定めるところによる。」

注2 実用発電用原子炉の設置、運転等に関する規則 90 条 4 号、7 号参照

注3 酸素濃度換算（値） 空気で薄めて規制値以下にする不正を防止するため、薄めた度合いに応じて濃度を換算します。

注4 福井県公害防止条例 11 条 熊本市公害防止条例 16 条

注5 実用発電用原子炉の設置、運転等に関する規則の規定に基づく線量等を定める告示 9 条 別表

注6 「海洋放出口において又は海洋放出監視設備において放出水中の放射性物質の量及び濃度を監視することにより、放射性物質の海洋放出に起因する線量が原子力規制委員会の定める線量限度を超えないこと」（使用済燃料の再処理の事業に関する規則 16 条 7 号）

注7 2013 年 9 月 5 日原子力規制委員会田中俊一委員長記者会見 東電が汚染状況をシーベルト単位で発表していることについて、「重さの単位を長さの単位で表すようなものでイロハが分かっていない」「汚染状況を示す場合はシーベルトを使うべきではない」同日付毎日新聞

注8 20ミリシーベルトは原子力災害対策特別措置法（原災法）の緊急事態宣言に伴うものです。緊急事態宣言に伴う避難基準の20ミリシーベルトは、緊急事態なので「立ち退け」とか「立ち入るな」として設定された数字であって、公衆を生活させ被曝させても良いという法的根拠にはなりません。避難指示が解除されようがされまいが、法律上の公衆被曝線量限度は1ミリシーベルトです。

注9 管理区域内放射線業務従事者の被曝線量限度は、実効線量5年間100ミリシーベルト以下かつ1年間50ミリシーベルト以下（電離則4条）

現在の白血病の労災認定基準は、年5ミリシーベルト以上の被曝、作業開

始から1年以上経過が基準。福島第一原発作業員の方は年間19.8ミリシーベルト被曝で白血病の労災認定を受けています。

注10　「チェルノブイリ原子力発電所における大災害の結果として放射線の影響を被った市民の社会的保護についての法律」小森田秋夫訳　日本科学者会議

注11　この原子力委員会の指針は、憲法66条3項によって内閣が国会に対して責任を負う「行政」に属する行為です。

注12　「被災者生活支援等施策の推進に関する基本的な方針　平成27年8月」住宅支援は、災害救助法による「現物支給」という位置付け。同基本方針Ⅲ

注13　①再処理事業に対する原子炉等規制法の海洋廃棄の規制「海洋放出口において又は海洋放出監視設備において放出水中の放射性物質の量及び濃度を監視することにより、放射性廃棄物の海洋放出に起因する線量が原子力規制委員会の定める線量限度を超えないようにすること。(再処理事業規則16条7号)。線量は告示により1ミリシーベルト。

②　規制委員会は、六ヶ所再処理工場の保安規定を認可しているのですから、3キロ先のパイプラインの「海洋放出口」を「海洋構築物」には当たらないと認めているわけです。

③　しかも、線量規制ですから、高レベルの核廃液を海洋に投棄し広く拡散することさえ可能になります。線量限度は1ミリシーベルトとなっていますが、人間が1ミリシーベルトの影響を受けるのに、どれだけの量の放射性物質を太平洋に投棄・拡散させることになるのかなど量りようがありません。要するに制限などないに等しいのです。なお、ベクレル単位で定めるところをシーベルトとしている点は2-02参照。

④　海洋汚染防止という本来の目的に従えば、船で運ぶのもパイプラインで運ぶのも同じです。しかし、規制委員会自身が、パイプラインによる脱法的廃棄を認めているわけです。原子炉等規制法の欠陥であり、ロンドン条約の欠陥でもあります。

⑤　現行法では、行政が福島第一原発事故の廃液を海に垂れ流す方針を採用しても止める法規はありません。今後何十年も続く汚染水問題が法整備無く行われているのです。法治国家の名に値しません。

第3章　環境基本法改正と
　　　　国会の機能不全

　サッカーや野球にルールブックがあるように国家の仕組みと役割にもルールブックがあります。
　民主主義国家のルールブックの基本はとてもシンプルです。
基本中の基本ルール＝法律による行政、法律による裁判
* 主権者によって選ばれた議員が国会を通して法律を制定する。
* 行政庁の公務員はこの法律に従って仕事をする。
* 裁判官はこの法律に従って判決を書く。
　このように法律は行政公務員や裁判官に対する命令書なのです。
　主権者がしっかりしないと、
* 国会がだらけて立法機能不全に陥る。
* 行政公務員が、国民に害を及ぼすような法律を通し、これに従って仕事をする。
* 裁判官がこれに基づいて判決を書く。
* 最終責任は主権者が引き受ける。
* 行政公務員や裁判官が「法律に基づいて」主権者にもたらす被害は救済する方法がない。
　このようなことになります。ですから、主権者に直結している議会が、国の仕組みの中心として、まともに機能するよう、常に、監視し、働きかけ、立法機関としての責任を果たさせていく必要があります。

3-01　福島第一原発事故
　　　そのとき国会は・・・

＜問題は国会だ＞

「法の欠陥」なのですから、立法機関である国会が責任を持って法整備をしなければなりません。

福島第一原発事故が発生したとき、177国会が開催中でした。
その国会には水質汚濁防止法の改正案が上程されていました。

過酷事故の発生と法の空白という現実に、国会はどのように対応したか

177 国会

水質汚濁防止法改正案審議中

東電福島第一原発

＜法律の不備を認めた附帯決議＞

　衆・参両院は、水質汚濁防止法の改正法案の成立に際して、放射性物質に関する法整備について「附帯決議」をしました。両院とも内容は同じです。

2011年6月10日
行政を法に基づき遂行できるよう

参議院附帯決議(抜粋)
　環境の保全を図るべき環境省が、国民の負託に応える行政を法に基づき遂行できるよう、現行法23条を含む環境関連法における放射性物質に係る適用除外規定等の見直しを含め、体制整備を図ること。
＜2011年6月10日＞

注：「現行法23条」とは水質汚濁防止法の放射性物質除外規定(その後削除)

＜法による行政に反していた原子力行政＞

　「法による行政」というのは、憲法の法治主義の大原則です。法律によらないで行政を行う体制は、要するに独裁主義とか全体主義ということになります。
　独裁主義、全体主義の下では、国民は行政官僚の言いなりになるか、そのお情けにあずかることしかできません。

ですから、国会が両院の附帯決議で「行政を法に基づき遂行できるよう」に体制整備を図る必要を認めたことは大変なことです。これまで原発行政が法治主義に基づいて行われてこなかったから、それを改めなければならないと宣言したからです。国会が立法機関として機能不全に陥っていたことを自ら認めたのです。

＜法制度の抜本的見直しを法律で規定＞

　同年8月、国会は、放射性物質に関する法制度の抜本的見直しを法律で定めました。

2011年8月30日
法制度の在り方について抜本的見直し

汚染対処特措法（抜粋）
　附則6条　政府は、放射性物質により汚染された廃棄物、土壌等に関する規制の在り方その他の放射性物質に関する法制度の在り方について抜本的な見直しを含め検討を行い、その結果に基づき、法制の整備その他の所要の措置を講ずるものとする。
　（正式名称「平成23年3月11日に発生した東北地方太平洋沖地震に伴う原子力発電所の事故により放出された放射性物質による環境の汚染への対処に関する特別措置法」）
　＜2011・8・30公布＞

法制度の「抜本的見直し」をするのは当然として、冒頭に「政府は」となっています。要するに政府＝行政に立法権を丸投げした条項です。

＜国会は国民に謝罪決議すべきである＞

国会は、原子力政策導入以来、放射性物質が人と環境に及ぼす被害について、国権の最高機関としての役割をほとんど果たしてきませんでした。

福島第一原発事故の背景には、放射性物質を公害・環境関係の法律から排除し「法の空白」を生み出し、原発産業を「無法地帯」とも言える中で膨張させてきた立法機関の怠慢があるのです。

福島第一原発事故後も、国会は、立法機関としての機能をほとんど果たしていません。

法の空白を生み出してきた国会は、国民に対して謝罪決議をすべきです。このような「けじめ」をつけることが、議会に緊張感を持たせ、国権の最高機関としての機能を回復させる第一歩です。

国会に謝罪を求めた「札幌市民の会」

「『環境基本法改正』と『公害犯罪処罰法』に関する緊急アピール」

2012年2月24日「放射能汚染防止法」を制定する札幌市民の会

＜以下抜粋＞「法の空白」と国会の機能不全について

「福島第一原発事故は、放射性物質を公害関連法から排除し、これに見合う法律もないという『法の空白』を背景に、危険な情報を無視、軽視するという無責任な体制が生み出したものです。私たちは国権の最高機関である国会が、永年にわたって法の空白を放置してきたこと、福島第一原発事故後も、まともな法律を作ることができない機能不全に陥っていることを強く非難するものです。衆参両院はこれまでの怠慢を国民に謝罪し、緊張感を回復して立法作業に取り組まなければなりません。

3-02 遂に環境基本法改正
放射性物質は公害原因物質になった

＜環境基本法13条削除＞

2012年6月27日、環境基本法13条の放射性物質適用除外規定が削除されました。（原子力規制委員会設置法制定の際）

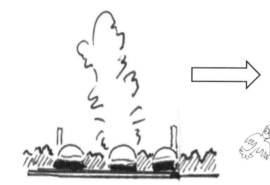

これほどの大惨事に
なるまでほったらかし
だった やっとまともな
法律ができそうだね

1967年の旧公害
対策基本法以来
続いてきた特別
扱いが廃止になる！

これからは、
放射能汚染は
原子力公害として
扱われる！

汚染を取り締まる法律が
整備され、フクシマのような
事故があったら、大捜査が
行われるね

今までが異常だった
地震災害なら被害想定が当然
なのに、原発災害では触れな
いようにしてきたからな

＜公害法整備は国の法律上の義務となった＞

　旧公害対策基本法を引き継いだ環境基本法には、国の責務や整備すべき法制度について定めがあります。

　環境基本法13条の適用除外規定が削除され、放射性物質が法律上公害原因物質として位置づけられたということは、国は、放射性物質について、これらの法律が要求する責務や義務を果たさなければならなくなったということです。

　また、環境基準法改正に加え、大気汚染防止法、水質汚濁防止法の適用除外規定も削除になったので、これらの規制基準も定めなければならないのです。

　このように、放射性物質に関する法整備は、やってもやらなくても良いのではなく法律に従って整備しなければならないのです。

　大切なところです。環境基本法の関係条文は以下の通りです。

環境基本法：国の一般的な責務規定

（国の責務）
6条　国は（中略）環境の保全に関する基本的かつ総合的な施策を策定し、及び実施する責務を有する。

環境基本法：政府の環境基準整備義務規定

（環境基準）
16条1項　政府は、大気の汚染、水質の汚濁、土壌の汚染（中略）に係る環境上の条件について（中略）人の健康を保護し、及び生活環境を保全する上で維持することが望ましい基準を定めるものとする。

> **環境基本法：国の規制基準整備義務規定**
> （環境保全上の支障を防止するための規制）
> 21条1項　国は、環境の保全上の支障を防止するため、次に掲げる規制の措置を講じなければならない。
> 一、大気の汚染、水質の汚濁、土壌の汚染（中略）の原因となる物質の排出（中略）その他の行為に関し、事業者等の遵守すべき基準を定めること等により行う公害を防止するために必要な規制の措置。

＜立法形式＞ 具体的な規制基準は、大気汚染防止法や水質汚濁防止法が定めることになります。放射性物質に関する独立の法律を制定することも考えられます。

「定めるものとする」「措置を講じなければならない」とあるのを確認してください。

被災者に対する国の責任については、6-01にまとめてあります。参照してください。

＜原子力関係法の手直しとは別＞

　　原子力基本法の体系　→　産業振興の法律体系
　　環境基本法の体系　　→　産業規制の法律体系

　第2章で上の違いについて述べました。この違いから放射性物質に対する公害法整備は、「原子力関係法の手直しとは別」だということです。
　原発推進行政側などには、両者を曖昧にしようとする動機が働くので注意が必要です。

第3章　環境基本法改正と 国会の機能不全

＜課題＝公害法としての法整備＞

環境基本法
(旧公害対策基本法)

大気汚染防止法
水質汚濁防止法
土壌汚染対策法
その他公害関連法

放射性物質

＜規制対象にする＞

＊ 原子力関係法の手直しとは別

原子力関係法との整合性がドーノコーノ
○○環境審議会

国や県から
こんなフレーズが出てきたら
要注意だよ

ここは、そんなに
強調するところ？

すごく
重要だよ

旧公害対策基本法を承継している環境基本法は、産業を規制する法律の性格を持っていることは、前に述べた通りです。
　これと産業を振興するための法律である原子力基本法以下の法律を一緒くたにしてしまうと、調和条項より更に後退した産業振興を公害法に引き入れることになってしまいます。そればかりか、形成された公害法体系が原子力産業政策で破壊される恐れさえあります。

＜法整備はどこまで進んだか＞

　これまでの放射性物質の適用除外規定の削除と、それに伴う法整備状況は次の通りです。

公害・環境関係法律における放射性物質適用除外条項と法整備一覧

2015年末現在

　前注：＊印のある法律は、福島第一原発事故後適用除外条項が削除になった法律。＜＞は改正により付加された制度。

- **＊環境基本法(13条削除)**
- **＊水質汚濁防止法(23条削除)＜常時監視と公表条項＞**
- **＊大気汚染防止法(27条削除)＜常時監視と公表条項＞**
- **＊循環型社会形成推進基本法(2条2項2号削除)**
- **＊環境影響評価法(52条1項削除)**
- **＊南極地域の環境の保護に関する法律(24条削除)**
- 土壌汚染対策法（2条）
- 農用地の土壌の汚染防止等に関する法律（2条）
- 海洋汚染等及び海上災害の防止に関する法律（52条）
- 化学物質の審査及び製造等の規制に関する法律（2条）

資源の有効な利用の促進に関する法律（2条1項）
　特定有害廃棄物等の輸出入の規制に関する法律（2条1項）
　特定化学物質の環境への排出量の把握等及び管理の改善に関する法律（2条）
　廃棄物の処理及び清掃に関する法律（2条）　参考①
　以下の法律は廃棄物処理法の定義が引用されて適用除外となる法律
　　　容器包装に係る分別収集及び再商品化の促進に関する法律
　　　特定家庭用品再商品化法
　　　建設工事に係る資材の再資源化等に関する法律。
　人の健康に係る公害犯罪の処罰に関する法律
　（刑事法に分類されます。もともと放射性物質にも適用があります。公害国会で制定された重要な法律）

参考①　廃棄物処理法の適用除外規定はそのままになっていますが、汚染対処特措法が同法の適用除外規定を設け、行政の定める基準に従って「ゴミ扱い」できることにしました。これは一部削除と同じです。公害規制なきゴミ扱いです。公害法の基本構造との関係で大きな問題があります。(7-02参照)

＜「基本法」適用、実施法整備はエンスト状態＞

　放射性物質適用除外規定の削除は、法律の一部で行われている段階です。また、改正された法律の中でも特に重要な大気汚染防止法と水質汚濁防止法は、常時監視条項が設けられた程度で、規制基準も環境基準も整備されていません。このため、汚染水などのずさんな管理による垂れ流しでさえ結果責任を問うことができません。その状態が今も続いているのです。

大気汚染防止法　　水質汚濁防止法
＜放射性物質適用除外規定削除＞

両法とも適用になりましたが、政府が政令・省令の整備を怠り、規制基準が未整備なので、基準違反ということがなく、罰則の適用がない。

土壌汚染関係の二つの法律には除外規定がそのまま残っています。

環境基本法改正のドアを開けて・・・中に入ると　そこは出口だった　こんな状態だ

3-03　国会の機能不全　政府のサボリ　公務員の反人権活動

＜エンストの最大原因は国会の立法権丸投げ＞

　3-01で汚染対処特措法制定の際、同法附則で法制度の抜本的見直しを決めたことを紹介しました。その冒頭の一言が問題です。

> 附則第6条　**政府は**、(中略)放射性物質に関する法制度の在り方について抜本的見直しを含めて検討を行い、(中略)法制の整備その他の所要の措置を講ずるものとする。

　「政府は」となっています。法律で「政府」というのは通常内閣を意味します。国会は「法制の整備その他の措置」を内閣に丸投げし、その後何もしていません。実際に作業を行うのは当然行政官庁の公務員ということになります。(注1)

　これまで原発推進のために働いてきた公務員が、法制度の抜本的な見直しをして、まともな公害規制の法律を作るはずがありません。

　丸投げした国会は、立法作業に取り組もうとせず、他人事のように放置し、機能不全に陥っています。これが、法整備が進まないエンストの原因です。

内閣が提案しても議決して法律を成立させるのは国会だ！何が悪い

こんなことを言う議員、役人学者、評論家などが出てきて、大きな顔をするようだと法治主義全体のメルトダウンだよ

＜公害国会では：特別委員会を設置＞

　現在の行政と電力産業と同じ癒着関係は、1960年代の公害問題にも見られたものです。

　行政と産業界の癒着構造を乗り越え、公害法の整備に向けて大きく動き出したのは、衆参両院に産業公害対策特別委員会が設置されてからです。

1965年

産業公害対策特別委員会設置

同年、委員を調査に派遣・・・
三重　大阪　兵庫の調査をしてきました
その結果を報告します（派遣議員）

＜政府説明員＞

中央官庁のエライさん達が
説明のため待機している

四日市コンビナートの状況は　・・・・・

　このように、議会が、国の仕組みのルールブックに従って機能しているかどうかが決定的に重要です。議会が機能しなければ、公務員達が、国民の見えないところで、議員と癒着し、根回しをして、まともな法整備は妨害されてしまいます。

特に、原子力の分野は、行政と産業界が不離一体となって膨張してきたのですから、議会が立法機関として機能しないかぎり、まともな法制度は生まれません。

そのためには、議会に放射能汚染防止法を制定するための委員会を設置し、国民の前で行政から独立した議論を展開することが必要不可欠です。

原子力政策の現状を、放射能汚染から人と環境を守るという視点で見たとき、国会の無力と、行政のやりたい放題は、目に余るものがあります。法治主義とか立憲主義とは、ほど遠い状況に陥っています。

　　　　　　法律の欠陥のもとで
　　　　　　これほどの被害を
　　　　　　もたらしたというのに

　　　　　　法律家が言う前に
　　　　　　　我々が言う

　　　　　　　国会は
　　　　　　機能不全をきたし

違憲状態にある

＜政府のサボリは環境基本法違反＞

　環境基本法の改正に伴い、大気汚染防止法、水質汚濁防止法の放射性物質適用除外規定が削除され、2013年6月21日公布されました。しかし、具体的に整備されたのは、常時監視関係の条項を加えた程度で、公害規制の柱になる規制基準、環境基準の整備がなされていません。

　規制基準について、国は「規制の措置を講じなければならない」のであり（環境基本法21条）、適用対象になった放射性物質の規制基準を整備する義務があります。環境基準についても「定めるものとする」とされているのであり（環境基本法16条）、環境基準を整備する義務があるのです。

じゃ　また法律を改正して
規制基準を定める必要が
あるの？

そうじゃないの　規制基準も
環境基準も　内閣や環境省が
政令・省令定めれば完成するよ
罰則も適用になります

なぜ決めないの？
法律改正した
意味ないよ

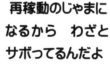

再稼動のじゃまに
なるから　わざと
サボってるんだよ

そのとおり

スルドイ

法律を改正した国会は、政府に、政令や省令の整備を迫り、やらないなら、自ら法律で定め、環境基本法を守らなければなりません。

政府がサボっている規制基準・環境基準の整備手順
＜規制基準＞
* 大気汚染防止法の規制基準法整備手順
政令で放射性物質をばい煙物質と指定し、原子力施設をばい煙発生施設に指定する。（大気汚染防止法2条1項、2項）。
環境省令で排出基準を定める。
この整備がなされると違反には刑事罰が適用になる。
* 水質汚濁防止法の規制基準法整備手順
政令で放射性物質を有害物質と指定する。（水質汚濁防止法2条2項）。
環境省令で排水基準を定める。（水質汚濁防止法3条1項）。
この整備がなされると違反には刑事罰が適用になる。
＜環境基準＞
* 大気汚染、水質汚濁の環境基準
政令で環境基準を定める。

なお、ダイオキシン特措法のように、放射性物質に対する単独立法を制定するという方式も可能です。この場合も、環境基本法以下の公害法体系に沿って規制基準、環境基準を整備することになります。

ソーリ　ソーリ
規制基準、環境基準はどうなってるんですか　政令、省令はどうなってるんですか
怠慢ですッ

＜公務員の反法治主義・反人権活動＞

　国会の機能不全のもとで、環境省の公務員達による環境基本法改正の意味を無効化するような反法治主義的、反人権活動が生じています。

　環境省が、環境基本法13条削除に伴う対応状況をまとめた報告書を紹介します。(注2)

　報告書は「国際的な動向調査」を行ったとし、調査対象とした米国、英国、フランス、ドイツの4カ国のいずれにおいても、「放射性物質に関して、我が国の『環境基準』に当たる基準は設けておらず」「通常の事業活動に起因する環境汚染の観点からは、一般環境の状態に関する基準を改めて設定する必要性はないものと考えられる」「事故その他の通常でない事態により放射性物質が環境中に放出され、環境の汚染が存在している状況からの復旧にあたっては、その際の目標は、既に汚染が環境中に存在している状況からの復旧を図るためのものであるため、通常の事業活動に起因する環境汚染の防止を念頭に定められてきた基準である環境基準とは、性格が異なる」

　内容を一言で要約すれば、法制度の抜本的見直しは必要ないと言うことです。

　これは国会の附帯決議にも、法制度の在り方について抜本的見直しを定めた法律にも反します。

　さらに、環境基本法そのものに違反します。環境基本法が改正され、放射性物質が公害原因物質に位置づけられた以上、環境基準や規制基準は定めても定めなくても良いのではありません。放射性物質に対する環境基準や規制基準を整備しなければならないのです。環境基準については「基準を定めるものとする」(環境基本法16条)とされており、規制基準については「次に掲げる規制の措置を講じなければならない」とされ、「事業者等の遵守すべき基準を定めること」が掲げられているのです。(同法21条)

公務員達は、人や環境を守るために
必要な情報を集めるのが仕事なのに
逆に、どうしたら人や環境を守らないで
済ませるかという情報を集めているね

しかも、法律に反して
環境基準については
いらないという結論まで
出している

規制基準という強制力の伴う
核心的制度は　ないもの扱い
だしね

法律が変わったのに
公害規制を排除して
原発産業を守ろうと
法改正を敵視している

事前の規制はいらない、
起きてしまったら仕方がない
あきらめろということだ

汚染廃棄物の処分場や
焼却場も公害規制は
しないということになる

　環境省の公務員は、法治主義に正面から反する反人権活動を行っているのです。
　これほど立法機関を露骨に見下した内容の文書を、堂々と公文書として公表した例は探すのが困難です。国会の無反応は病的であり恥です。

（第3章の注記）

注1 この「政府は」の文言は、環境基本法１１条「政府は、環境の保全に関する施策を実施するため必要な法制上又は財政上の措置その他の措置を講じなければならない。」という規定の文言に沿ったのでしょうが、これほど重大な問題を丸投げ状態で放置しているのは、唯一の立法機関としての役割放棄です。

注2 「中央環境審議会『環境基本法の改正を踏まえた放射性物質の適用除外規定に係る環境法令の整備について(意見具申)』(平成２４年１１月３０日)を踏まえたその後の対応状況について」平成２７年２月１３日　環境省

第4章　あらかじめ持っておこう公害法のイメージ

> 法整備？　法治主義？　立憲主義？
> 単なる立法論ではないか！
> 日本では無理だ！
>
> 　そんなことはありません。日本には、行政公務員や産業界の圧力に抗して、国民が自分を守るために総合的な公害法の体系を生み出した歴史的経験があります。
> 　特に重要なのは、世論に押された国会が「産業公害対策特別委員会」を設置したことです。この委員会における活発な活動が無ければ、産業界と官僚の圧力を乗り越えて法体系を生み出すことはできなかったでしょう。
> 　約半世紀前に悲惨な公害被害を受けた人々の経験と、我々に残してくれた法体系をどのように生かすか、今、我々に課せられた課題です。

4-01 高度成長、公害列島、公害国会へのイメージ

＜1950年代～ 高度経済成長＞

水俣病確認
イタイイタイ病(カドミウム禍)
新潟水俣病
四日市ぜんそく
江戸川区・漁民、製紙工場に抗議行動

60年頃都内で外出すると鼻の穴が黒くなった

東京銀座

公害列島

国民の間に公害への認識が高まっていく

カネよりイノチ

第4章 あらかじめ持っておこう 公害法のイメージ

公害の歴史については、膨大な情報があります。ネットの「映像」のジャンルで「こうがい」「みなまた」で検索すると、おびただしい画像が現れます。

被写体となった人々の勇気を実感しながら、公害法を放射能汚染にどう引き継ぐかを考えましょう。

反公害運動の高揚
大学院生など若い層の積極活動

自治体

水質汚濁・大気汚染条例制定

公害問題への取り組みは、自治体が国に先行して取り組んだ

公害防止条例
国より厳しい基準

それは違法だ！ 国

1965年

産業公害対策特別委員会設置

国会内に委員会が設置されたことにより法整備に向け動き本格化

1967年国会

公害対策基本法審議

公害については充分に
科学的に解明されていない
時期尚早である

産業界反対

調和条項を入れて成立

調和条項

公害対策基本法第1条
　生活環境の保全については、経済の健全な発展との調和が図られるようにするものとする。

放射性物質は適用除外

この時以来放射性物質は公害・環境法から全面適用除外

1970年

公害国会

公害関連14法案成立

調和条項削除

自治体の権限強化

上乗せ条例
横出し条例

＜世界にさきがけて＞
公害犯罪処罰法の制定

　公害国会で制定された法律の一つに「公害犯罪処罰法」（正式名称「人の健康に係る公害犯罪の処罰に関する法律」「公害罪法」とも略称される。）があります。法律の分類としては刑事法になります。公害によって人の健康を害する行為一般を犯罪として処罰するという画期的な法律でした。当時「世界にさきがけて」と言われました。

この公害国会で、直罰規定や原因者負担、公害犯罪処罰法、地方公共団体の規制権限強化など、産業活動による公害を規制する法律が体系化されました。
　産業規制法としての性格がより明確になったと言うことができます。

・・・　公害国会の１年後
1971 年

　最高裁などが、公害国会で成立した法令の施行に当たり、刑罰関係法令の準備・対応状況を国会で報告しました。国権の最高機関である国会において、国民に報告している観を呈しました。

第66国会法務委員会

最高裁　　　　　法務省　　　　　警察庁

牧最高裁長官代理：「全国の刑事裁判官合同を開催いたしまして、公害罪法その他の公害に関係いたします・・・解釈、運用につきましての協議を実施いたし・・・鑑定人のリストをつくったりして現地の要望に応じるようにいたしたい」

辻法務省刑事局長：「全国の地方検察庁、高等検察庁並びに最高検察庁にそれぞれ公害係検事というものを・・・設置した・・・全国の公害係検事を法務大臣が本省に招集されまして、公害係検事合同会議が開催され・・・遺憾なきを期したい」

長谷川警察庁刑事保安部長：「合計114名の府県の公害担当の責任者につきまして、公害罪の関係並びにその他の公害関係の法律の罰則の適用につきまして・・・講習をいたしたのでございます。それぞれの府県警察に

> おきましても・・・延べ4,822人の・・・講習を行って態勢を整え・・・公害事犯の特別捜査班をつくることをしどういたしておりまして・・・28府県におきまして323人の態勢がすでに整っておるという報告に接しておる・・」

1992 年
ブラジル・リオデジャネイロ国連地球環境サミット
リオ宣言

1993 年 11 月
環境基本法成立

環境基本法は
旧公害対策基本法を引き継いでいる。

　環境基本法には、旧公害対策基本法の内容が、そっくりそのままタマゴの黄身のように入っています。
　環境基本法は、公害対策の基本法としての性格を持っているのです。

2001 年 1 月
環境省発足

4-02　公害国会で形成された汚染するな、という命令構造を知る

＜自然の三要素に着目する＞

　公害規制の法律については、空気、水、土壌という三要素を意識しておくと分かりやすくなります。

　公害原因物質は、空気、水、土壌を汚染して人や環境に被害を及ぼします。そこで、空気、水、土壌の汚染を防止することが公害規制の柱ということになります。

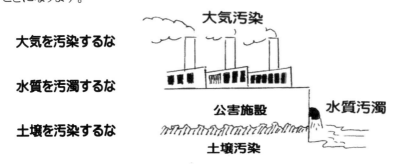

　この三つの「するな」から放射性物質を適用除外にしてきたのが、環境基本法13条です。

＜放射性物質の適用除外も三要素適用除外＞

　削除になった環境基本法13条の放射性物質適用除外規定も「放射性物質による大気の汚染、水質の汚濁及び土壌の汚染のための措置については原子力基本法その他の関係法律の定めるところによる」と、三要素を掲げて適用除外にしてきました。

＜大気汚染、水質汚濁、土壌汚染の関係＞

　三要素の中でも、公害原因物質は、空気と水を汚染し、その結果土壌へと汚染が広がるのが基本的なパターンです。
　そこで、公害原因物質に対する公害規制は、何よりもまず事前対策として、大気汚染、水質汚濁を規制することが最重要になります。
　土壌汚染は、除染など事後対策的に重点が置かれることになります。しかし土壌汚染においても事前対策は重要です。放射性物質について言えば、その特性から事後対策では被害回復が困難なので、事前対策として土壌汚染に厳しい罰則を設けて取り締まる必要があります。

＜公害規制の基本モデルは、大気汚染防止法、水質汚濁防止法で実現＞

　公害国会で我が国の公害法体系は一応の完成を見ました。その法体系の中で、公害規制の基本モデルと言える法律が、大気汚染防止法と水質汚濁防止法です。
　大気汚染防止法も水質汚濁防止法も、公害物質の規制基準を定めて、違反した者を罰する、という基本的なモデルとなる制度です。

要するに「汚染するな、すれば罰する」という基本モデルが完成したのです。

＜直罰制度、間接罰制度＞

　基準違反があったら、事前の改善命令などなしに処罰できる制度が直罰制度です。事前に行政官庁の改善命令を出して、これに違反したときに改善命令違反として罰するような方法が間接罰制度です。直罰制度は、行政の改善命令がなくても、監督官庁が動かなくても、住民は告訴告発できます。捜査機関も捜査に着手するのに行政の動きを待つ必要がありません。
　公害規制は、技術的な必要性や行政の迅速性の要請から間接罰制度が多くなりますが、直罰制度によって制度の中心に「汚染するな」という、しっかりした芯が入った制度になるのです。
　大気汚染防止法も水質汚濁防止法も直罰方式を採り入れています。

＜知っておこう「公害防止法」と関連法の区別＞

　公害原因物質に対する公害規制は、大気汚染、水質汚濁、土壌汚染を取り締まる法律です。大気汚染防止法、水質汚濁防止法、土壌汚染対策法などがこれに当たります。
　これらの「公害防止法」と、廃棄物処理法や循環型社会形成推進基本法を一緒くたにしないことが大切です。

「公害防止法」とか「公害関係法」というと、①だけでなく②も含め広い意味で使われることもありますが、①の公害防止を直接の目的とする法律と、②の二次的には公害抑止の機能はあるものの、公害防止を直接の目的とはしていない法律を区別することが大切です。

公害原因物質について、①の公害防止法による規制をしないで、②の廃棄物処理法や循環社会基本法を直接適用したらどうなるでしょうか。①の「汚染するな」という規制なしに、廃棄やリサイクルが行われることになり、公害規制なきバラマキ政策になってしまいます。

このバラマキ政策が、福島第一原発事故による汚染ゴミ問題で現実化してしまいました。①を飛ばして②を適用したのが汚染対処特措法です。とても重要なことなので別に述べることにします。(第7章)

＜行政従属性から独立した公害犯罪処罰法＞

公害国会において最も脚光を浴びた象徴的な法律が公害犯罪処罰法です。この法律は「汚染するな、すれば罰する」という大気汚染防止法、水質汚濁防止法で制度化された理念を更に進めて、公害を反社会的な犯罪として捉え、独立した刑事法として制定されたものです。立法当初「世界にさきがけて」制定されたと言われました。

この法律には、公害規制法に多く見られる「行政従属性」がありません。行政従属性というのは、規制基準の数値などを行政機関の政令や省令に委ねたり、行政機関の命令違反を待って処罰したりするなど、行政機関の行為に依存する刑罰制度です。公害犯罪処罰法は、行政機関の行為と関係なく犯罪が成立するのです。

4-03 規制基準と環境基準という二段階構造を知る

〈規制基準と環境基準〉

　規制基準は、法的強制力の伴う基準であり、違反すれば罰則や行政処分を受けます。

　環境基準は、強制力のない政策的に「維持されることが望ましい基準」です。命令としての基準ではありません。

　例えばカドミウムの規制基準はリットル0.03mgであり、違反には罰則があります。これに対して環境基準は0.003mgであり、達成目標値は一桁高いのですが、これに反しても刑罰や行政処分を受けることはありません。

水質汚濁防止法の例

カドミウム
　　環境基準　　＝リットル 0.003 mg 以下　（2011.10.29　0.01 mgを改訂）
　　規制基準　　＝リットル 0.03 mg　　（2014.11.4　0.1 mgを改訂）

ＰＣＢ
　　環境基準　＝検出されないこと
　　規制基準　＝リットル 0.0003 mg

アルキル水銀
　　環境基準　＝検出されないこと
　　規制基準　＝検出されないこと

＜規制基準は環境基準の補助手段ではない＞

　環境基準は規制基準より目標値が高いので、環境基準が公害規制の中心で、規制基準は、その中心にある環境基準を達成するための補助手段だと考えがちです。しかし、これは誤りです。
　「公害は社会的悪である。だから取り締まる必要がある」このようにとらえると、規制基準が当然公害規制の中心になります。
　これは、法律的な理屈の問題であるのと同時に、公害に向き合う姿勢の問題ということができます。公害規制を人や環境を守ることに基礎をおくか、産業活動の補助的修正原理に基礎をおくかの問題です。
　日本の公害法を生み出した歴史を承継するなら、真っ当な規制基準あっての環境基準、このように捉えておきましょう。

＜大気、水質、土壌、三分野の法整備状況＞

＊大気汚染防止法
　　規制基準
　　環境基準
＊水質汚濁防止法
　　規制基準
　　環境基準
＊土壌汚染対策法
　　規制基準　＜未整備＞
　　環境基準
　土壌汚染対策法は、除染命令などの事後法の段階に止まっており、規制基準は未整備です。同法の環境基準の対象は、カドミウム、シアン、六価クロムなどです。

4-04 実効性確保のための代表的な方法を知る

＜総量規制＞

　大気汚染や水質汚濁の公害規制は、地域を指定して総量規制を行っており、違反には罰則を伴います。

＜濃度規制の脱法防止＞

　濃度規制については、水や空気で希釈するようなことが広く行われると、汚染防止の意味をなさなくなり、脱法を許すことになってしまいます。大気汚染防止法では、濃度規制の方法として大気で薄めても規制基準が緩くならない計算方法を採用しています。（注1）
　水質汚濁防止法にはこのような手法は採用されていないのですが、自治体が薄めることを許さない条例で対処しているところがあります。（注2）

＜常時監視＞

　公害は、大気や水質の状況変化を常に把握しておかないと、有効な防止策を講ずることができません。また、規制も有効に機能しないことになってしまいます。そこで、公害関係法の重要な柱になっているのが常時監視制度です。

次のような違いを知っておきましょう。

定期観測

観測 ━━━▶ 観測 ━━━▶ 観測 ━━━▶ 観測 ━━━▶

このような監視方法だと、汚染の事実、程度、汚染の変化などが不明確になってしまいます。

常時監視

━━━━━━━━━━━━━━━━━━━━━━━━━━━━▶

このような常時監視によって、何時、どこで、どの程度の汚染があったか変化がわかります。「漏洩」を罰するような制度の裏付けには欠かすことができません。

＜施設の基準、公害防止管理者制度など＞

　ここまで述べてきたように、法律で規制基準を定め、罰則で違反を取締まるとか、環境基準を定めて目標を達成しようとすることは、公害防止法制度の柱です。
　更に、このような「基準」を実質的に実現するための方法が加わります。ばい煙や排水施設についての届出義務、施設改善命令、改善命令違反に対する罰則などです。
　このような施設や技術面からの規制方法を達成するため、公害管理者の設置、環境計量士などの資格制度があります。いずれも国家資格になっています。

4-05　条例制定権を知る
　　　横出し条例、上乗せ条例

＜反公害運動が拡張した条例制定権＞

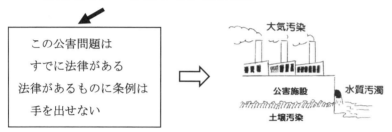

　これは極端に中央集権的な考えで間違いです。実は、1960年代に公害問題が深刻になるまでは、このような考えが当たり前だったのです。

　公害が深刻度を増してくると、住民の突き上げに押され、自治体は法律よりも厳しい条例を制定するようになりました。中央集権的な考えは通用しなくなったのです。

横出し条例　上乗せ条例

　現在では、法律があっても地方が条例で規制項目を加えること（横出し条例）や、法律よりも厳しい基準を設けること（上乗せ条例）ができるようになっています。大気汚染防止法、水質汚濁防止法は、明文で横出し上乗せ条例を規定しています。

中央官庁公務員と裁判官は中央集権がお好き

　条例制定権の拡張は、反公害運動の大きな成果ですが、中央官庁公務員や裁判官は中央集権的な体質を持っています。主権者がしっかりしないと中央集権的な方向に流されてしまいます。

4-06　単独立法形式の例を知る
　　　　ダイオキシン特措法の場合

　放射性物質の公害規制法の整備をするとき、大気汚染防止法や水質汚濁防止法、土壌汚染関係法などに組み込んで行く方法と、単独に独立の法律を制定する方法があります。

　1999年に議員立法で成立したダイオキシン類対策特別措置法は、単独立法形式の例です。参考までに基本構成を紹介しておきます。

ダイオキシン類対策特別措置法の基本構成

① 耐容1日摂取量(6条)　体重1kg当たり4ピコグラム以下
　＊法律が政令の上限を直接数値で定めた例
② 環境基準(7条)
③ 排出基準(規制基準)(8条)
④ 都道府県の上乗せ条例制定権(8条)
⑤ 総量規制基準(10条)
⑥ 常時監視(都道府県知事)(26条)
⑦ 土壌汚染の知事による、対策地域指定、土壌汚染対策計画(29条～32条)
⑧ 国の排出削減計画(33条)
　＊　排出基準、総量規制基準には罰則がある。

　この法律の構成は、我が国の公害規制の法律の基本的な仕組みが要約された形で表現されています。この構成に沿った形式で法整備の案を考えるのは「まとまり」があって分かりやすい方法です。

　本書では、現在、大気汚染防止法、水質汚濁防止法が適用されたので、これで話しを進めています。法形式は違っても内容は同じでなければなりません。

(第4章の注記)

注1 酸素濃度換算(値) 空気で薄めて規制値以下にする不正を防止するため、薄めた度合いに応じて濃度を換算します。

注2 福井県公害防止条例11条 「工場などにおいて汚水などを排出し、または発生させた者は、当該工場等から排出する汚水もしくは廃液またはばい煙を単に希釈し、または拡散する措置をとることにより、水質の汚濁または大気の汚染の防止について充分な措置をとったものと解してはならない。」

熊本市公害防止条例16条 「事業者は、排出水の排出による水質の汚濁を防止するにあたっては、当該排出水を単に希釈する措置をとることをもって、水質の汚濁の防止の措置をとったものと解してはならない。」

第5章　このように整備せよ
　　　　放射性物質の公害規制

> 　環境基本法の改正によって、放射能汚染は公害として扱われることになりました。
> 　しかし、国は、具体的な法整備を遅らせる一方、原発推進政策を押し進めています。
> 　我々は、法整備に取り組み、第2章で述べたような国家による人権侵害の構造を脱していく必要があります。
> 　悲惨な公害被害の歴史が生み出した公害規制の法律を引き継いで、放射能汚染の防止のための公害規制法の整備に取り組みましょう。

5-01　原子力公害の特性に立脚し公害規制の諸原則に従うこと

　ここからは、意見としてまとめるのに役立つような構成にしました。
　見出しの頭に「放射性物質に対する公害法整備は」などと入れ、少し表現を変えると意見書や要望書として使えます。
　ここの5-01は、原則論ですから、5-02の要求事項に追加したり、理由付けに使ったりするとよいでしょう。

(1) 原子力公害の特性に立脚して規制すること
＜要求事項＞
　原子力公害に対する公害法は、以下のような放射性物質の公害特性に立脚して整備すること。
① 化学的処理によっては無害化できず、自然の減衰をまたなければならいこと。
② 一旦外部に漏出すると、短時間で大気、水質、土壌を広範囲に汚染し、地球規模に及ぶこと。
③ 一旦環境を汚染すると土壌汚染、水質汚濁などの汚染除去は極めて困難ないし不可能であること。
④ 大規模汚染は、家族を破壊し、地域社会を分断崩壊させること。
⑤ 被曝による健康被害は、多くの場合長期間経過後に発症すること。
⑥ 他の原因による症状と病理的に区別が困難で隠蔽されやすいこと。
⑦ 子どもへの影響が大きいこと。
⑧ 既に出現した放射性物質は膨大であり、時々の政治経済に左右される場当たり政策では対処できないところまできていること。

⑨　高レベル核廃棄物のように超長期の安全な隔離を必要とし、科学的に安全な処分方法が確立されていないものがあること。

＜解説＞
　従来、原発問題は、安全性と防災の面に力点が置かれ、汚染という被害の面を課題にすることは避けられてきました。しかし、放射性物質を公害規制の対象にするということは「放射能汚染」という被害から、人と環境を守るのが目的です。そこで公害原因物質である放射性物質の特性に立脚した制度を構築する必要があるのです。

（2）事前対策と結果責任を重視すること

＜要求事項＞
　放射性物質に対する公害規制は、大気汚染、水質汚濁、土壌汚染の事前対策と汚染に対する結果責任を重視して整備すること。

＜解説＞
①　放射性物質は、一旦外部に漏洩すると広範囲に拡散し、汚染除去は困難です。この特質に対応して事前対策、すなわち厳しい排出規制が必要であり、厳しい結果責任を定めておく必要があります。
②　公害規制対策には、事前対策と事後対策という分類があります。両者を効果的に組み合わせることが必要です。
　大気汚染や水質汚濁を排出段階で規制するのが事前対策の典型例です。土壌汚染で除染義務を定めるのは事後対策の典型例です。土壌汚染でも、汚染を罰することは、未然に汚染を防止するための事前対策になります。

(3) 予防原則、充分な安全余裕に立脚すること

＜要求事項＞

放射性物質の公害規制は、予防原則に立脚し充分な安全余裕を持って設定すること。

＜解説＞

① 放射性物質による汚染は、被害が大規模長期に及び、健康被害は隠蔽されやすいなどの特性があります。従って、放射性物質の公害規制は特に予防原則に力点を置き、規制の基準は充分な安全のための余裕をもって設定されるべきです。

予防原則

公害規制の基本的な考え方に「予防原則」という考え方があります。根底には、人や環境に有害な物には予防的に対処していこうという常識的な思想があります。1992年のブラジル環境サミットの「リオ宣言」第15原則で妥協的な表現ながら採り入れられています。この原則は、消費者保護や健康保護など適用範囲を広げています。「予防原則」は、公害・環境問題の共通認識になったと言えます。

安全余裕

また、類似の「安全余裕」という考えも広い分野に行き渡っています。危険な事柄を規制する場合、基準については、安全性に余裕を持たせて対処しようという、これも常識的な考え方です。

(4) しきい値なしモデルを徹底すること

＜要求事項＞

放射線被曝の線量規制は「しきい値なし」モデルを徹底すること。

＜解説＞
① 放射線被害については、国際的にも「しきい値無し」原則が採用され、我が国もこれに則して扱われてきたものです。予防原則から言っても当然しきい値無しの原則を徹底すべきです。

しきい値と予防原則
　放射線の影響を巡って「しきい値」が論じられています。しきい値の問題は公害原因物質の総てで問題になります。しかし、放射線被曝のように大きな問題になっていません。なぜでしょうか。もともと公害規制は、有害な物質が人に与える影響ぎりぎりの限界を確定して規制するのではなく、それよりずっと低い基準値を設定します。（予防原則、安全余裕）。そうすることによって、規制基準に違反すれば、影響の有無に関係なく法律違反として罰則などを受けることになるのです。このようにして公害から人や環境を守っていくのが公害規制です。

(5) 希釈・拡散政策を改め、集約・封じ込め政策に改めること

＜要求事項＞
　放射性物質の公害規制は希釈・拡散政策を全面的に改め、集約・封じ込めを原則とすること。

＜解説＞
① 原子力関係の法律は、量規制を行わず濃度規制による希釈・拡散政策を採用しています。また、汚染対処特措法は、汚染廃棄物を通常の「ゴミ扱い」をすることによって放射性物質を広く拡散する政策を採っています。このような政策は、公害規制の在り方とは逆です。産業規制法である公害規制関係の法整備にあたっては、これを逆転し、集約し封じ込める政策に転換する必要があります。

② 汚染水問題、汚染廃棄物問題など、現在の法制度は、汚染の程度に合わせた場当たり的政策が行われ、これを追認するものになっています。法制度全体を見直さないと、ルーズな汚染・被曝が常態化し取り返しがつかないことになります。

(6) 高レベル核のゴミ：反科学的な「見なし」政策を排除すること

＜要求事項＞
地層処分について、安全な方法が確立していないものを安全な方法が確立しているものと見なす政策は、法制度上払拭すること。

＜解説＞
① 高レベル放射性廃棄物においては、科学的に安全性が確立していないのに、地層処分の安全性は確立されているという前提の法律を制定しています。(注1)
② 安全性の確立していないものを確立していると「見なして」処理・処分するのは、科学的虚偽であり、排除する必要があります。
③ 安全性が確立していないものは長期の研究をするほかありません。

(7) 刑罰法規を重視すること

＜要求事項＞
① 放射性物質による汚染に対しては、重罰をもって取り締まること。
② 大気汚染、水質汚濁、土壌汚染などの、公害関係法の罰則規定の整備はもとより、公害犯罪処罰法や刑法の改正など刑事法全般を整備すること。

＜解説＞

① 放射性物質は、一旦外部に漏洩すると被害の回復は困難であり、その影響は広範囲、長期に及びます。この重大性を直視し、刑罰法規を重視し、予防効果を最大限発揮させる必要があります。

　このような重大な危険を内包する原子力産業でありながら、公害関係の法律が適用除外にされ、汚染にも被曝にも刑事責任を問われないという特別扱いが行われてきました。

② 放射性物質の漏洩に責任を負わず、重大事故にも「想定外」の一言で責任逃れができる現行法の下では、平常時の汚染を防止することはもとより、重大な事故を防止することもできません。

　原発稼働の動向如何にかかわらず、厳しい刑事罰の整備が必要です。

（8）大規模汚染防止のためにも平常時の漏洩を徹底して取り締まること

＜要求事項＞

① 原発問題を、安全・防災関係の法規制に限定してきた法政策を根底から見直し、全原子力施設を放射能汚染という公害の規制対象とすること。

② 総ての原子力施設における平常時の放射能汚染を徹底して取り締まること。

③ 放射性物質による土壌汚染については、過酷事故による広範囲の汚染のみを想定するのではなく、総ての原子力施設（事故由来放射性廃棄物を管理・処分施設を含む）からの平常操業時における汚染を徹底して取り締まること。

＜解説＞

① 日本には、50基の原発があり、精錬・加工・貯蔵・再処理・廃棄などの事業に伴う施設が存在します。そこには、使用済燃料や高レベル放射性

廃液、中レベル、低レベルの放射性廃棄物がたまっています。これらの施設からの放射能汚染を防止しなければなりません。また、今後の廃炉作業に伴う放射能汚染対策という重要な課題があります。

しかし、これらの放射能汚染源から人と環境を守る法律は全く未整備です。

② 放射性物質は、法律上公害規制の対象となったのですから、他の公害施設と同じように、平常時から汚染を厳しく取り締まるのは当然です。小規模の漏洩を徹底して取り締まることが、大規模汚染の防止につながることは当然のことです。

③ 今後の大きな課題は、核分裂生成物の保管・処分施設からの土壌汚染防止です。規制基準・環境基準を整備し土壌汚染を防止する必要があります。大規模汚染が起きた後のことだけを考えていたのでは、大規模汚染も防止できないでしょう。

(9) 汚染者負担の原則は、事業者の責任に加え原発政策を推進してきた国の責任のもとに、実効性ある公害被害者救済制度とすること

＜要求事項＞

① 放射性物質により、被曝させ、環境を汚染する行為は、公害による不法行為であることを法律上明確にすること。

② 国は、原子力基本法以下の法律をもって原子力産業を保護育成し、放射性物質に対する公害規制を外すなどの特別扱いをし、法による行政を逸脱してきた。このことを法律上確認した上で、国も汚染者として法的責任を負う制度とすること。

③ 汚染者負担の徹底のため、原子力損害賠償制度の「責任集中制度」を廃止し、原子炉等メーカーなどの製造物責任を全面的に具体化すること。

<解説>

① 「汚染者負担の原則」「原因者負担の原則」と言われるものは、今なお生成途上の原則です。我が国では、公害は生存権を侵す社会的な悪であり、汚染者は責任を負うのだという考えが法律に反映されるところまで来ています。環境復元の費用や被害者救済費用について責任を負う原則であり、損害と救済を費用負担と天秤にかけて決めるようなことは「正義公平の原則」に反するという考え方です。

② 「汚染者負担の原則」は、原子力発電の費用や賠償の費用を消費者に負担させる政策に悪用されやすいので注意しましょう。

③ 原発は、国策で推進しなければあり得なかった産業です。国が総元締めとも言える指導力を発揮し、しかも公害法の適用除外などの特別扱いをしてきたものです。福島第一原発事故による汚染は、国策による原子力公害であり、国は東電とともに「汚染者」として扱われるべきです。

④ 現行法上原子炉メーカーは、事故の賠償責任を負いません。このような制度が、汚染しても被曝させても電力会社が責任を負わない法制度と組み合わされ、原発産業の暴走を招いてきたのです。

5-02 総量規制せよ
大気汚染、水質汚濁の規制

＜要求事項＞

　放射性物質についての大気汚染、水質汚濁の規制基準・環境基準は次によること。
① 総ての原子力施設についてベクレル単位で総排出量の規制(総量規制)をすること。
② 総量規制なき濃度規制は認めないこと。
③ 原子力発電所及び、再処理施設についての総排出量の規制基準は、その廃炉、解体事業を含め、現在各原子力発電所において保安規定で定めている「年間放出管理目標値」と同一水準とし、平常運転時には漏洩しないセシウム、プルトニウムなどは「検出しない」を基準とすること。
④ 原子力発電所と再処理施設の総排出量規制の基準に差を設けることなく同一基準とすること。
⑤ 放射能汚染物質の管理・処分施設については、総ての核種について「検出しない」を規制基準・環境基準とすること。

＜解説＞

① 放射性物質が公害原因物質である以上、施設外に漏洩することを排出「量」で規制するのは当然です。
② 現在原子力関係法において行われている総量規制なき濃度規制は、希釈・拡散による無制限の排出を認めるものであり、公害規制法の基準には採用できません。公害規制の法整備に当たっては、汚染させないという公害規制の基本に立脚して「量」の規制をしなければなりません。

③ 現在各原子力発電所において保安規定で作成されている「年間放出管理目標値」は容易に達成可能な数値です。又、平常運転時にはセシウム、プルトニウムなどは正常管理の下では漏洩しないのですから、検出されるのは管理に問題があることを意味します。従ってこれらの核種については「検出されない」を基準とすべきです。(注2)

④ 再処理事業について、原発1年分を1日で排出するなどの指摘があります。「事業の都合」に合わせた基準を設定するのは公害規制になりません。汚染防止の観点から原発より緩い基準を設定すべきでないのです。

⑤ 公害規制法制度の基本構造に立脚すること

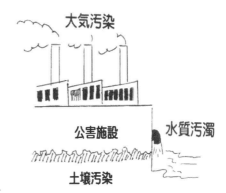

自然の三要素、大気、水、土壌

物質による公害の防止は、空気、水、土壌という自然の三要素を汚染させないことが基本です。

この三要素の中でも、大気や水が汚染され、その結果、土壌を汚染するというのが通常のパターンです。

そこで、まず、公害施設の外に排出される段階で、基準を定めて違反に罰則を加えるなど、大気汚染と水質汚濁を規制することが必要になります。

そのための法律が大気汚染防止法と水質汚濁防止法です。

これから述べるテーマは、この二つの法律が定める強制力を伴う規制基準と、強制力を伴わない環境基本法が定める環境基準です。

土壌汚染は別途述べることにします。

規制基準は、大気汚染防止法、水質汚濁防止法に基づいて「排出基準」「排水基準」という言い方で決められることになります。

通常「環境基準・規制基準」という言い方が多いのですが、ここでは、強制力を伴う規制基準を柱に説明します。

現行法の役割分担の構成は以下の通りです。

＊規制基準

環境基本法を受けて制定されている次の下位法が決めます。

大気汚染防止法　→　　排出基準（規制基準）

水質汚濁防止法　→　　排水基準（規制基準）

＊環境基準

環境基本法が直接決めます。

環境基本法　　　→　　大気の環境基準

　　　　　　　　→　　水質の環境基準

⑥　大気汚染、水質汚濁は総量規制が大原則

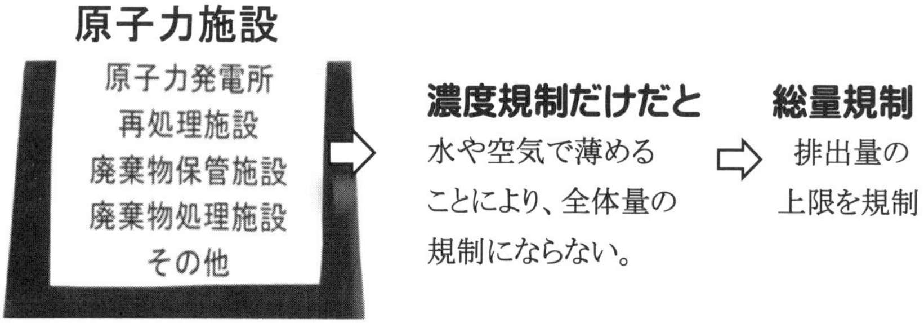

原子力施設
原子力発電所
再処理施設
廃棄物保管施設
廃棄物処理施設
その他

⇒

濃度規制だけだと
水や空気で薄めることにより、全体量の規制にならない。

⇨

総量規制
排出量の上限を規制

　原子炉等規制法の排出段階の規制は、濃度規制だけです。しかも、違反しても罰則がありません。これだと薄めてしまえば無制限に排出できます。従って、公害規制は総量規制が重要だということです。ごく当然のことです。

⑦ 総量規制はベクレル単位で決める。

ベクレルとシーベルトも、次のような図にまとめておきます。

原子力施設
原子力発電所
再処理施設
廃棄物保管施設
廃棄物処理施設
その他

①排出＜汚染＞
どれだけの量
排出したかは
ベクレル（Bq）

②被曝＜被害＞
その結果浴びた
放射線でどれだけ
身体に影響するかは
シーベルト（Sv）で表す

　排出段階の規制は、排出する量で規制するのですから、当然ベクレル単位で規制基準、環境基準を定めなければなりません。

　原子炉等規制法の規則で、再処理施設の排出をシーベルト単位で線量規制していますが、科学や技術の名に値しません。（2-02参照）

⑧ 「検出されない」という基準

　公害規制の規制基準・環境基準では、「検出されない」という基準がよく出てきます。意味は、検出方法の最低単位に達しないことです。

　以下は、水質汚濁法の例です。

カドミウム
　　環境基準　＝リットル 0.003 mg 以下　（2011.10.29　0.01 mgを改訂）
　　規制基準　＝リットル 0.03 mg　（2014.11.4　0.1 mgを改訂）

ＰＣＢ
　　環境基準　＝検出されないこと
　　規制基準　＝リットル 0.0003 mg

アルキル水銀
　　環境基準　＝検出されないこと
　　規制基準　＝検出されないこと

検出方法は環境大臣が定めることになっています。
　セシウムやプルトニウムなどは通常原子力施設からは漏れないことになっています。よく冷却水漏れ事故などで「放射能漏れはありませんでした」と報道されます。ですから「検出されない」を基準にすることは当然なのです。詳しくは注2を見てください。

5-03 大気汚染、水質汚濁の常時監視は文字通り「常時」にせよ

＜要求事項＞

① 「定期」ではなく、「常時」監視システムを備えること。
② 大気汚染、水質汚濁の規制基準、環境基準の整備に合わせ、これらの基準の遵守状況を常時把握できるよう実効性ある監視システムを構築すること。
③ 特に、地下水への漏洩監視を徹底するために精密な常時監視設備を整えること。

＜解説＞

① 常時監視と規制基準、環境基準の整備

公害規制において規制基準、環境基準と常時監視は不離一体の関係にあります。大気汚染防止法、水質汚濁防止法の規制基準、環境基準を整備し、これに合わせて現在の監視体制などを全面的に見直していく必要があります。

② 「定期」ではなく「常時」監視

常時監視は、文字通り時間的に間断無く監視する必要があります。月1回、年1回、などの断続的定期検査では漏洩、汚染の実態把握ができません。

汚染状況を途切れなく継続して測らないと、違反の事実が曖昧になってしまいます。罰則も免れやすくなってしまいます。放射性物質の「事故隠し」を防ぐためには排出の変動が分かるように監視することが必要です。

定期測定

測定 ⟶ 測定 ⟶ 測定 ⟶ 測定 ⟶

　このような監視方法だと、汚染の事実、程度、汚染の変化などが不明確になってしまいます。

常時監視

⟶

　このような常時監視によって、何時、どこで、どの程度の汚染があったか変化がわかります。「漏洩」を罰するような制度の裏付けには欠かすことができません。

5-04 常時監視は都道府県への法定受託事務とせよ

＜要求事項＞

① 実施主体を法定受託事務として都道府県知事に行わせること。
② 同時に自治事務としての都道府県知事の独自常時監視体制を整備すること。

＜解説＞

① 実施主体

法改正により、大気汚染防止法、水質汚濁防止法の2法について常時監視条項が設けられました。

従来大気汚染、水質汚濁の常時監視は、都道府県が国から受託されて行ってきましたが(法定受託事務)、放射性物質については国が直接行うことにしています。これは、住民生活に密接な行政主体である自治体に行わせるべきです。

② 自治事務としての独自の常時監視

国の権限とは別個独立に自治体は憲法上の「自治権」に基づき、独自の権限で事務を行うことができます。(自治事務)。放射性物質による公害防止のために、国の法律と関係なく自治事務として自治体独自の常時監視をすることは当然できるのです。

国の、常時監視体制が不十分な現状において、自治体は、常時監視を国と並行して行い、最終的には法定受託事務に一元化し、知事の権限に統一すべきです。

5-05　土壌汚染を禁止せよ

＜要求事項＞

① 農用地土壌汚染防止法2条3項及び土壌汚染対策法2条1項の放射性物質適用除外規定を削除すること。又は、独立の放射能汚染防止法の中で放射性物質による土壌汚染防止の公害規制法を整備すること。
② 放射性物質による土壌汚染を禁止する一般規定を設けること。
③ 土壌の放射能汚染に対する規制基準・環境基準は、総ての核分裂生成物・化合物について「検出せず」とすること。
④ 放射性物質による土壌汚染については、過酷事故による広範囲の汚染のみを想定するのではなく、総ての原子力施設（事故由来放射性廃棄物の管理・処分施設を含む）からの平常操業時における漏洩の段階から徹底して取り締まること。
⑤ 総ての放射性物質の管理・処分施設について、土壌汚染についての継続的漏洩監視を行うこと。
⑥ 土壌汚染の規制単位はベクレル単位で行うこと。
⑦ 土壌汚染により土地の所有権・利用権を妨げる行為については、不動産毀損罪（仮称）など厳しい罰則を整備すること。
⑧ 不動産所有者・利用権者の汚染者及び国に対する除染請求権を規定すること。
⑨ 除染義務の範囲は、その不動産の敷地内に限定することなく、不動産所在地の地域生活全体として行うこと。

<解説>

① 放射性物質の土壌汚染は、大事故による広範囲の地域が汚染された場合に限りません。

　日本には、50基の原発と、精錬・加工・貯蔵・再処理・廃棄などの事業に伴う施設が存在し、そこには、使用済燃料や高レベル放射性廃液、中レベル、低レベルの放射性廃棄物があります。これらの施設からの放射能汚染を防止しなければなりません。また、今後の廃炉作業に伴う放射能汚染対策という重要な課題があります。

② 放射性物質は、法律上公害規制の対象となったのですから、他の公害施設と同じように、平常時から汚染を厳しく取り締まるのは当然です。小規模の漏洩を徹底して取り締まることが、大規模汚染の防止につながることは当然のことです。

③ 核分裂生成物の保管・処分施設からの土壌汚染防止は、今後の大きな課題です。規制基準・環境基準を整備し土壌汚染を防止する必要があります。大規模汚染が起きた後のことだけを考えていたのでは、大規模汚染も防止できないでしょう。

5-06　自治体は国に法整備を要求し自ら公害条例を整備せよ

＜要求事項＞

① 自治体は、国に対し、放射能汚染防止のための法整備をするよう要求すること

② 原子力施設所在自治体は、放射能汚染防止条例を整備すること。

③ 原子力施設所在自治体は、国が放射能汚染防止に関する公害関係法を整備した後は、環境基本法に則って、横出し、上乗せなど、原子力公害に関する条例を整備すること。

＜解説＞

① 環境基本法改正にともない、国は同法に則って、放射性物質に関する公害関係の法律を整備する義務を負っています。(3-02、6-01参照)

② 住民を放射能汚染被害から守るべき自治体が、国に対して法整備の要求をするのは、当然のことです。

　住民は、自治体議会への陳情、請願等を通して働きかけていく必要があります。地方議員は首長に対して、国に法整備の働きかけをするよう求めていくことが必要です。(資料2参照)

③ 自治体は、独自に公害規制の条例を制定することができます。環境基本法の改正によって、放射性物質が公害原因物質に位置づけられたのですから、独自に規制基準や環境基準を定め、常時監視規定を設けるなど、公害条例を整備して住民を原子力公害から守るべきです。

④ 国が、放射性物質に関する公害関係法を整備した後は、住民と地域の環境を守るために、条例による横出し、上乗せ基準を整備するなどの必

要があります。

⑤　大気汚染防止法、水質汚濁防止法は、明文で条例による横出し、上乗せ基準を認めているのですから、両法が適用になった現在、法律に先行して放射能汚染防止条例を制定することはもちろん、法律整備後、横出し、上乗せ条例を制定することも当然できます。

⑥　公害防止の法制度は、地方が先行し国が後追い的に法整備をしてきた歴史があります。また、東京都公害条例のように、国より厳しい公害規制条項を設けた例では、国が違法だと主張して圧力をかけるなど、争った歴史もあります。自治体は、このような歴史に学んで原子力公害から住民と地域環境を守るべきです。

5-07　公害犯罪処罰法を改正せよ

＜要求事項＞

「人の健康に係る公害犯罪の処罰に関する法律」(略称「公害犯罪処罰法」又は「公害罪法」)を次の通り改正すること。
① 第2条及び第3条の「工場又は事業場における事業活動に伴って・・・排出し、」を「工場又は事業場から排出し、」に改めること。
② 放射性物質の漏洩については、第2条及び第3条の「公衆の生命又は身体に危険を生じさせた」の要件を廃し、漏洩自体を犯罪として罰すること。
③ 放射性物質の排出行為の責任の程度は、排出量、過失の程度に応じて段階的具体的に定めること。
④ 放射性物質の排出が故意又は重過失の場合は、無期懲役程度の刑事責任とすること。

＜解説＞

① 公害犯罪処罰法は、最高裁が「事業活動に伴って」の意味を狭く解釈し、下級審の有罪判決を破棄したことによって、この法律の公害防止の機能はほとんど失われてしまいました。機能を回復させるために「事業活動に伴って」の要件を削除すべきです。
② 放射性物質から人と環境を守るには、漏洩自体を取り締まる必要があります。
③ 放射能汚染の被害の甚大性と回復の困難性から、被害の程度に併せて責任の程度を定め、故意や重過失による場合は厳罰をもって望む必要があります。

④　公害犯罪処罰法は、公害国会で「世界にさきがけて制定された」と言われたように、我が国の反公害の世論を背景に、公害の反社会性を法制化した画期的な刑事法です。

　しかし、最高裁は、いわゆる「事故型」の漏洩事故について、「事業の活動に伴って」に当たらないとして下級審の有罪判決を破棄しました。このため、この法律は骨抜き状態になってしまいました。

　最高裁が、公害国会当時、多くの国民が受け止めていた法律とは異なる法律に変質させたのです。

　福島第一原発事故によって、この法律は再び脚光を浴びていますが、改めて、公害被害者が残した遺産と言えるこの法律の意味を見直すべきです。

　放射能汚染防止法制定の市民運動は、福島第一原発事故直後からこの法律の価値に着目し改正運動に取り組んでいます。(注3)

(第5章の注記)

注1 高レベル核廃棄物の政策決定過程は、「放射能汚染防止法整備運動―ガイドブック―講座11」で整理してあります。

注2 次のような事実は、セシウム、プルトニウムなどの核種が、通常運転では検出されないことを示しています。

「平成23年度　原子力施設における放射性物質の管理状況及び放射線業務従事者の線量管理状況について」(経産省と原子力安全・保安院連名の報告書)によれば、福島第一原発を除き各原発とも「放出管理目標値」を下回っていますし、液体廃棄物中のトリチウムを除く放射性物質についても、福島第一原発事故による影響と考えられるもの以外は検出されていません。

東電2011年7月2日「川内原子力発電所における放射性セシウムの検出についてのお知らせ」は空気中塵による放射性物質の濃度測定の結果として「ごく微量の放射性物質(セシウム 134、セシウム 137)を検出しましたのでお知らせします。」「福島での事故を踏まえ、(中略)各所で同じ放射性物質が検出されているところから、本事象は川内原子力発電所に起因したものではないと判断しています。」とあります。通常運転では検出されないはずのものが、福島第一原発事故によって漏洩検出されたということです。

冷却水漏れのニュースで「放射能漏れはありませんでした。」とコメントがつくのは、平常運転時にセシウムなどの放射性物質が外部に漏れることはないからです。従って排出基準で「セシウム、検出されない」を採用しても厳し過ぎるということはありません。

注3 市民ネットワーク北海道ホームページ「放射能汚染防止法を制定しよう」の欄に関係資料

第6章　福島第一原発事故
　　　　原子力公害被害者の権利

　福島第一原発事故によって、大規模の原子力公害が発生しました。被災者は、公害被害者として救済されなければなりません。
　しかし、原子力公害の被害者である被災者の人権が侵害されています。
　深刻なのは、それが法律によって行われていることです。法律によって人権侵害のシステムが作られ、公務員によってそれが実行されているのです。
　このシステムは、次の過酷事故の際、我々がどのように扱われるかを示しています。
　被災者は、単なる原子力災害対策の対象ではありません。
　原子力公害の被害者として、国に救済を求める権利があります。国は、これに応える義務があります。
　これに加えて、国や自治体には、児童福祉法による健全育成の責任があります。
　現在の法システムを作り直させるためには、主権者自身が動かなければなりません。

6-01　国には原子力公害被害者を救済する二重の責任がある

トオル　調べたか
被災者の人たちに
20ミリのところに住めとか
住宅支援打ち切るとか
これは何なんだ！

やっと終わりました
調べた結果を
報告します

調べただけじゃダメ
被災者の役に立つよう
意見として整理せよ！

わ　わかりました
最近、キレやすく
なってきた

国の責任　その1
環境基本法に基づく公害被害者救済責任

　環境基本法の改正の意味について、最初に押さえておきたいことを略図にまとめました。簡単な内容です。しかし、すごく重要です。

環境基本法13条
放射性物質適用
除外規定　削除

環境基本法適用
法整備はゼロからの出発？

　ゼロからの出発だと、国が何をするかは、何も決まっていないことになります。しかし、そうではありません。

| 環境基本法１３条
放射性物質適用除外規定削除 | | 国が何をしなければならないかの基本的事項は環境基本法に書いてある |

　原子力公害の被害者である被災者に対して、国が果たさなければならない基本的な事項は環境基本法に書いてあるのです。（資料5）

| 環境基本法によれば、国は次の施策を策定し、被害者救済措置を講じ、法制上財政上の措置を講ずる責任がある ・・・ | | このように法律の根拠に基づいて要求できるということです |

　以下に、国が行わなければならない事項を整理しておきます。要望書などを出す場合、法律上の根拠として引用できます。

①　国の基本的責務＝総合的施策策定責任

　環境基本法6条は、「環境の保全に関する基本的かつ総合的な施策を策定し、及び実施する責務を有する」と定めています。この「環境の保全」には、公害から人や自然環境を守ることが含まれます。国は、公害から人や環境を守るための施策を策定実施する責任があるのです。（責務の意味については注1参照）

②　人の健康と生活環境が保全されるように実施する責任

　この施策は「人の健康が保護され」「生活環境が保全され」るように行うこ

とになっています。(環境基本法14条)

「人の健康保護」「生活環境の保全」は、旧公害対策基本法第1条の目的規定を承継したものです。

③ 被害者救済措置の責任

公害によって被害を受けた場合の救済についても「国は、公害に係る被害の救済のための措置の円滑な実施を図るため、必要な措置を講じなければならない」と定めています。(環境基本法31条2項)

公害被害の救済措置は広範囲に及びます。現行法上、公害健康被害補償法による公害健康被害者認定制度や補償給付金制度、公害保健福祉事業、水俣病認定などの制度があります。大気汚染防止法等による無過失賠償責任などもこの「必要な措置」になります。

放射能汚染被害については、その被害の特性に応じて「必要な措置」を制度的に保障しなければならないのです。

④ 法制上財政上の措置責任

更に、法整備と財政措置については「政府は、環境の保全に関する施策を実施するため必要な法制上又は財政上その他の措置を講じなければならない。」と定めています。(環境基本法11条)

この規定は、政府が環境の保全に関する施策(公害対策を含む)に必要な法案提出や具体的な政策実施の責任があることを定めたものです。

⑤ 生存権の確保に基礎を置いて施策を実施する責任

環境基本法1条は、国が、これらの施策を行わなければならない理由について「国民の健康で文化的な生活の確保」としています。これは憲法25条が保障する生存権のことです。

憲法25条は「すべて国民は、健康で文化的な最低限度の生活を営む権利を有する。」としています。その意味は、「人間としての尊厳が保たれる生活」のことです。

放射能汚染は公害です。旧公害基本法を引き継いだ環境基本法が、第1条の目的規定に、この生存権を掲げ、公害から人間の尊厳を守ろうとしているのです。公害被害者らが、差別と偏見に抗して法を生み出した意味をしっかりとらえておきましょう。

このように、放射性物質が法律上公害原因物質に位置づけられたと言うことは、法整備は一から始まるのではないことを意味します。環境基本法の適用により、公害国会で形成された土台となる法律は「すでに適用になった」ということです。

原子力公害
公害関係法
＜予防原則＞
生 存 権

被災者は、このような、しっかりした土台の　上に立って国、自治体、東電に責任を果たすよう要求できる立場なのです。

国や自治体は、このような被災者の権利を尊重して施策を講じる法律上の義務があります。

これに加えて子どもに対しては、児童福祉法上の育成責任があります。重要な法律です。 6-03(7)参照

国の責任　その２
国策として原発を推進してきた加害者責任

そこまではわかった
しかし、原発は、国が国策として
推進してきたじゃないの　もっと
重い責任があるでしょ

実は法律で、原発
推進者の責任につ
いて、すでに触れて
いるのです

福島復興再生特別措置法

第1条　この法律は、これまで原子力災害により深刻かつ多大な被害を受けた福島の復興及び再生が、その置かれた特殊な諸事情と原子力政策を推進してきたことに伴う国の社会的な責任を踏まえて行われるべきものであることに鑑み（略）

汚染対処特措法

第1条　国は、これまで原子力政策を推進してきたことに伴う社会的な責任を負っていることに鑑み、事故由来放射性物質による環境の汚染への対処に関し、必要な措置を講ずるものとする。

　この「社会的責任」は、立法に際し、国の責任に触れないわけにはいかないものの、国に法的責任が及ばないように「法的責任ではない社会的責任」の意味で入れた可能性があります。しかし、公害という法的観点から見れば、それは正に加害者責任です。国の公害被害者の法的救済責任に波及するのは当然です。法整備運動の手がかりになります。（注1）

　以上のように、国には環境基本法が定める責任と、原発政策を推進してきたという二重の責任があります。

6-02　防災関係法を濫用　被災者に被曝を受忍させる復興政策

国は、6-01で述べた責任を果たしていません
それどころか、国が人権侵害活動をしています
　現在の政策を見てみましょう

＜被災者に対する人権侵害構造＞

第1章で次の三つの法律分野が出てきました。

① **安全**　② **防災**　③ **公害（未整備）**

　現在の被災者支援策は、②の防災の系列の法律を中心に行われています。これに①の系列に属する放射線防護の法律が加味されています。
　③の公害関係の具体的な法整備は進んでいません。このため被災者は、公害の被害者としては無権利な状態におかれているのです。
　肝心なところです。簡単な略図にまとめました。

被災者に対する人権侵害の法律構造

① 安全	原子力基本法 原子炉等規制法 その他	現在の政策	汚染対処特措法 福島復興再生特措法など ＝「やってやる」「やってもらう」の関係 ＝国が一方的に避難指示し、解除する 「権力関係」 ＝被災者は権利の主体ではなく「政策的 誘導の対象」にされている
② 防災	災害対策基本法 原子力災害特措法 その他		
③ 公害	環境基本法と 公害関係の諸法	未整備	環境基本法改正、具体的法令未整備 ＝公害被害者として無権利状態

国は、③の公害・環境関係の法律整備について「抜本的見直し」をすると法律で決め、環境基本法も改正されたのに具体的法整備は怠っています。

　その結果、国や自治体と被災者との関係は、「やってやる」「やってもらう」関係になっています。「やってやる」「やってもらう」関係の中で被災者が不安を口にすると「わがまま」のように聞こえてしまいます。「不安をあおるな」「復興の妨げになる」「風評被害だ」「カネをもらっているのに」などの残酷な社会的仕打ちを助長することになります。汚染した地区で子どもを育てている人や、自主避難した人たちは不安を口にすることもできないという立場に追いやられます。

　ひどいのは住宅支援の打ち切りです。政府は被災者の公害被害者としての権利を全面的に無視し、あくまで災害対策として扱い、避難解除したのだから救済の必要はないという扱いをしています。

　このように、国や自治体は、環境基本法の定めを守らないだけでなく、逆に法整備を怠ることによって、原子力公害の被害者を無権利の弱い立場に追いやり、その弱みを政策的に利用して「復興」の協力者として被曝を受忍するよう誘導しているのです。これは、国の政策による人権侵害の構造であり、被災者に対するいじめ、虐待です。

ちょっと理屈っぽいけど知っておきたい基礎知識

　行政法上、行政が人に対して「こうせよ」（作為命令）「こうするな」（不作為命令）と命令することがあります。災害対策基本法、原子力災害特措法の警戒区域指定に伴う立ち退き命令や立入禁止は、罰則をともなう命令です。避難指示には罰則はありませんが「指示」とあるように、行政が一方的にある行為を求めるものです。この避難指示を解除したのだから、国はもう責任がない、というのが政府の立場です。政府が恐れているのは、「違う！被災者には公害被害者としての権利がある！」という声があがることです。

6-03 国は被曝誘導政策を改め原子力公害被害者を救済せよ

これまでに述べたことを
前提に意見形式でまとめます

(1) 国は、被災者に被曝の受忍を強いる復興政策を改めよ

＜要求事項＞

　国は、公害の被害者である福島第一原発事故による被災者に対し、公害法の整備を怠って無権利な状態に置く一方、原子力災害特措法や福島復興再生特措法によって、避難指示解除、避難者の住宅支援中止などの政策を実行し、年間20ミリシーベルトの被曝基準による帰還促進政策を実行している。これらの一連の政策は、復興政策の名の下に被災者の弱みにつけ込んだ公害被害者に対する国家的人権侵害である。このような政策を実行してきたことについて被災者に謝罪するとともに、被曝の受忍を強いる復興政策を改めること。

＜解説＞

① 国は、原子力事故の被災者に対して、環境基本法に則って、公害被害者救済のための法整備や施策を講じなければならない義務があります。しかし、国は故意にこれらの義務を怠っています。一方、復興支援を打ち切るという政策により、年20ミリシーベルト基準の被曝を受忍させる帰還促進政策を実行しています。

② これは、汚染地域の経済復興のために、被災者に対して、被曝を受忍せざるを得ない立場に追いやる違法な政策であり、直ちにやめるべきです。
③ 被災者を故意に無権利者の立場に追いやることによって、不安を訴える被災者に対する「復興の妨げだ」「わがままだ」などの社会的攻撃を助長しています。
④ 環境基本法に従って公害被害者を救済しなければならない国が、義務を怠っているだけでなく、法制度を濫用して組織的に被災者の人権を侵害しているのです。

(2) 国は、福島第一原発事故による公害被害者救済の法整備義務を果たせ

＜要求事項＞

① 国は、環境基本法に則って、福島第一原発事故に伴う放射能汚染から被災者を救済する法制度を整備する義務があるのに果たしていない。この義務を果たすこと。

＜解説＞

① 環境基本法13条の削除に伴い、国は、同法に則り放射能汚染に伴う公害法の整備をしなければなりません。(6-01参照)
② 2011年6月衆参両議院は、水質汚濁法改正の際、その附帯決議において、放射性物質につき「環境関連法における放射性物質に係る適用除外規定の見直しを含め、体制整備を図ること」とし、更に2012年6月の汚染対処特措法の附則において「放射性物質に関する法制度の在り方について抜本的見直しを含めて検討を行い、その結果に基づき、法制の整備その他所要の措置を講ずる」ものとしています。

しかし、国は具体的な法整備を行っていません。最優先して行われるべき福島第一原発事故の原子力公害被害者に対する法的救済については、何も具体策を定めていません。

なお、請願書、意見書、要望書などを作成する場合の理由については、上記理由に加えて6-01にある環境基本法の条項を示すと良いでしょう。

（3）国は、被災者には１ミリシーベルトを超える被曝を回避する法的権利があることを確認し、避難の権利を具体化せよ

＜要求事項＞

① 法律上の公衆被曝線量限度は年１ミリシーベルトであり、国はこの基準に基づいて被災者を被曝から救済する義務があることを確認し、その前提に立って被災者救済の施策を実行すること。(注2)
② 被災者は、公衆被曝線量限度年１ミリシーベルトを超える被曝を回避する法律上の権利がある。従って国はこの権利を妨害することなく尊重して被災者救済の施策を実行すること。
③ 避難指示解除に伴う年１ミリシーベルトを超える地域の被災者に対する救済として、損害賠償、避難の権利、住宅支援などを具体的に策定し実行すること。
④ 国は、東京電力に対して行っている避難指示解除に伴う賠償義務打ち切りの行政指導を直ちにやめること。

＜解説＞

① 原子力災害特措法による避難指示の線量基準20ミリシーベルトは公衆の被曝線量基準ではありません。法律上の公衆被曝線量規制はあくまでも1ミリシーベルトです。
② 原子力災害特措法が避難基準をどのように決めようと、公衆被曝線量基準の1ミリシーベルトを越えて被曝をさせたことが被災者に対する違法な権利侵害であることに変わりありません。次の(4)の解説参照
③ 従って、国は、少なくとも現行法上1ミリシーベルトを超えて被曝させない義務を負い、被災者は1ミリシーベルトを超えて被曝しない権利があるのです。
④ 政府は、東電の避難者に対する慰謝料について、避難指示解除後も2018年3月分まで支払うよう指導する意向を示しましたが、これは被災者支援ではなく、被災者に対する権利の妨害です。

(4) 国は、違法な20ミリシーベルト基準を破棄せよ

＜要求事項＞

① 国は、福島第一原発事故による住民の避難基準を年間積算線量20ミリシーベルトとしたが、これを破棄すること。
② 避難指示解除後の帰還居住者の被曝線量限度基準は、自動的に1ミリシーベルトとなることを確認すること。

＜解説＞

① 避難指示解除後、公衆の被曝線量基準を20ミリシーベルトとするのは、

全く法的根拠の無い違法な基準です。

　原子力災害特措法の緊急事態宣言に伴う避難基準は「緊急事態なので避難せよ」として設定された数字です。公衆を生活させ被曝させてもよいという法的根拠にはなりません。緊急事態宣言があろうと無かろうと、避難指示が解除されようがされまいが、我が国の法律上、公衆被曝線量限度は1ミリシーベルトです。(2-03特に＜原子力災害特措法の濫用＞参照)

　避難指示解除後、そこに住む住民には、唯一の法的な公衆被曝線量基準である1ミリシーベルトが自動的に適用されるのは当然のことです。

② 　国は、ICRPの勧告を「国際的基準」とか「国際的合意」などと述べ、あたかもICRPの勧告を国際法上の法的基準のように喧伝しています。しかしICRPは私的学術団体に過ぎず、その勧告はなんら法的効力を持たないものです。避難解除後の法律上の公衆被曝線量限度は1ミリシーベルト以外にはありません。

③ 　実質的に見ても、原子力災害特措法による避難基準の20ミリシーベルトは、労災認定基準年5ミリシーベルト、放射線取扱者らが保護される放射線管理区域の年5.2ミリシーベルトの約4倍です。このような異常に高い数値を「安全」とみなすのは、公害防止の基本原則である予防原則を大きく逸脱するものであり、原子力公害から被害者を守るべき国の義務に違反し違法というべきです。

(5) 政府は「子ども被災者支援法」の実施に当たって、原子力公害被害者に対する救済義務として履行せよ

＜要求事項＞

① 　環境基本法の改正により、放射性物質が公害原因物質として位置づ

けられた現在、子ども被災者支援法の施策は、被災者を原子力公害の被害者として救済する国の義務に合致するものでなければならないこと。
② 被災者等の意思による居住、移動、帰還の選択については、公衆被曝線量限度1ミリシーベルトを基準とし、避難の権利を明確にし、住宅支援その他の生活支援を公害被害者救済策として実施すること。

＜解説＞

① 放射能汚染が公害として扱われることになったのですから、子ども被災者支援法は、環境基本法の定める公害被害者への救済策として策定されなければなりません。
② 現行法上公衆被曝線量が1ミリシーベルトである以上、公害被害者が、1ミリシーベルトを基準として被曝を回避するために避難する権利があるのは当然です。
③ 住宅支援についても、現在の災害救助としての住宅支援策で国の義務を尽くしたことにはならないのです。原子力公害被害者の被曝を回避する権利としてとらえ直す必要があります。

(6) 国会は「子ども被災者支援法」を改正し、公害被害者に対する救済内容を具体化せよ

＜要求事項＞

① 子ども被災者支援法について、国会は、政府が具体策を講じないことを放置することなく、唯一の立法機関として、同法を改正し、具体的な救済策を定めること。
② 同法の改正に当たっては、被災者が原子力公害の被害者として、環境基本法の定める内容に則して救済を受ける権利があることを明記するこ

と。
③　国には原子力政策を推進してきた責任があることを明記すること。
④　具体的内容としては、1ミリシーベルト以上5ミリシーベルトまでの選択的避難の権利保障、住宅保障、医療保障、受診医療機関の選択の自由などを詳細に定めること。

＜解説＞

①　子ども被災者支援法は、日本版チェルノブイリ法を目指したと言われています。しかし内容に目を通せば、違いは歴然としています。チェルノブイリ法が被災者の「権利」として具体的に定めているのに、子ども支援法は「権利」という構成になっておらず、具体策を政府に丸投げしています。
②　この理念法に近い法律を政府が具体化しない以上、これを具体化する責任は国会にあります。

　子ども被災者支援法の具体化問題は、この章に述べられていること全体に係わっています。意見書、要望書などは組み合わせて作成してください。

（7）国・自治体は、子どもに転地保養の権利があることを認め、具体策を実行せよ

＜要求事項＞

①　国・自治体は、汚染地域に住む子どもに転地保養する権利があることを認め、具体的な施策を実行すること。(注3)
②　国会は、子ども被災者支援法の施行ないし法改正を待つことなく、単独立法をもって至急整備し、施策を実行させること。
③　子どもの転地保養は、児童福祉法の「児童福祉保障の原理」(3条)に

基づき、同法の定める国及び地方公共団体の責任として行うこと。
④　子どもの転地保養は、被曝線量1ミリシーベルトに限定することなく被災地に住む児童に広く認めること。
⑤　子どもの転地保養は、国の画一的方法によらず、ボランティア団体などの経験・実績を踏まえ、自主性を尊重し、人と人との自然なつながりを尊重して行うこと。
⑥　子どもの転地保養の事務は市町村の担当とすること。

＜解説＞

①　まず、理屈抜きに、次の児童福祉法の冒頭3カ条を読んでください。

児童福祉法　　1947年12月12日制定

第1条〔児童福祉の理念〕
①すべて国民は、心身ともに健やかに生まれ且つ、育成されるよう努めなければならない。
②すべて児童は、ひとしくその生活を保障され、愛護されなければならない。
第2条〔児童育成の責任〕
国及び地方公共団体は、児童の保護者と共に、児童を心身ともに健やかに育成する責任を負う。
第3条〔児童福祉保障の原理〕
前2条に規定するところは、児童の福祉を保障するための原理であり、この原理は、すべて児童に関する法令の施行にあたって、常に尊重されなければならない。

---

②　児童福祉法は、憲法制定の翌年、生存権に基づいて制定された法律です。この土台は、環境基本法1条と共通です。（6-01参照）
③　被災した子どもは、被曝の恐れや、行動制限に伴う、精神的肉体的ス

トレスを受け、生存権を侵されています。
④　国や自治体は、環境基本法の定める責任に加えて、子どもに対しては、児童福祉法による特別な責任が課せられているのです。
⑤　子どもの転地保養は、多くのボランティアによって行われてきましたが、当然限界があります。すべての被災した子どもに持続的な転地保養の機会を与える必要があります。
⑥　子どもは日々成長し、また新たに誕生しています。至急法整備すべきです。立法技術的にも特別難しいものではありません。
⑦　具体的な支援内容や仕組み（財政的助成策、自治体・ボランティア団体の位置付け、修学制度との関係など）は、児童福祉法の理念に則して定めることになります。
⑧　6-01の国の責任と一体として理解し、国レベル自治体レベルで要請していきましょう。

(第6章の注記)

注1 法律の世界では、「責務」「社会的責任」「努めるものとする」などの表現が、法的責任を曖昧にするために慣行的に多用されています。各種審議会などに蔓延し濫用されている状況です。これを法的責任に具体化していくのは主権者の活動以外ありません。

なお「責務」は「努めるものとする」よりは強い意味で使用されています。

注2 放射線被曝をさせる行為は健康に害を与える違法行為です。被災者は福島第一原発事故以前の自然環境を享受する権利を侵害された者です。(「放射能汚染法制定運動－ガイドブック－ 環境基本法改正に伴い当面必要な法律案骨子」4-05)。これを前提に、少なくとも国は、現行法規上の基準である1ミリシーベルトを越えて被曝させてはならない具体的義務があるということです。

注3 「転地保養」という用語は、チェルノブイリ原発事故後比較的広く使われてきたものです。

第7章　事故由来廃棄物に対する
　　　　公害規制

> 　福島第一原発事故による大規模原子力公害は、強力な国策推進によってもたらされたものです。従って、国は、この原子力公害から人と環境を守る法制度を整え、全力を挙げて政策を実行しなければなりません。
> 　しかし、国の汚染廃棄物政策は、公害として規制するのではなく、ゴミや資材として拡散する政策です。
> 　汚染がれき問題は、公害問題です。公害規制法制度の基礎の基礎を押さえれば、問題の全体像、国が行うべき法的責任が見えてきます。

7-01　公害規制無きゴミ扱い　場当たり指針と汚染拡散「特措法」

＜大規模原子力公害の出現、場当たり対処＞

　原発から出た放射性廃棄物は原発施設や廃棄物保管施設内に保管されています。クリアランスレベル（一般のゴミとの区別基準）はkg当たり100ベクレルです。

　外にばらまかれた場合の対策は何もありませんでした。

> 原子力発電所
> 放射性廃棄物
> ＜施設内保管＞
> クリアランスレベル
> ＝100ベクレル

そこに・・・
2011年3月
福島第一原発事故

施設外に広範囲大量放射性廃棄物出現
法の空白＝対処できる法律無し

行政指針による対応

　これまで、原子力施設内に保管されていた放射性廃棄物が、施設外に大量広範囲に出現しました。

　国は、汚染に対処する具体的な法律が無いので、環境省や原子力災害対策本部が原子力災害対策特措法の「指針」などで対応しました。

行政は、今回の災害による廃棄物にクリアランスレベルを適用するのは適当でないとか、放射性セシウム濃度がキログラム8,000ベクレル以下の廃棄物は管理型処分場に埋め立て処分することができるという方針を示しました。

全国自治体に汚染ゴミの拡散方針

国は、全国の自治体で汚染ゴミを焼却処分させることにしました。受け入れない自治体に対しては、それでも人間か、人でなし、残酷だ、など猛烈な非難が浴びせられる状況が生まれました。

＜汚染対処特措法の制定とその特徴＞

2011年8月30日福島第一原発事故による汚染にだけ適用される汚染対処特措法が成立しました。この法律は、議員提案の手順を踏んでいますが、行政の指針をそっくりそのまま受け継ぐ内容になっています。

この法律の特徴を端的に述べますと、次の4点です。

① 汚染対処特措法は公害規制法ではない

汚染対処特措法は放射能汚染を取り締まる公害規制法ではありません。この点は7-02で説明しますが、現在行われている汚染ゴミ問題に取り組む上でつかんでおかなければならない基本中の基本です。

② 公害拡散政策：公害規制無きゴミ扱いと資材利用

公害原因物質について、公害規制の法整備をしないで廃棄物処分の対象にしてしまうと、汚染の防止ではなく汚染の拡大になってしまいます。

汚染対処特措法は、公害規制法の整備なしに環境省令で定めた範囲で汚染廃棄物を「ゴミ扱い」できることにしました。これに基づき、環境省は省令でゴミ扱いできる基準を8,000ベクレル/kgとしました。これは公害

規制の無い放射性物質の廃棄という公害拡散政策です。

　この公害拡散政策を更に押し進めるのが循環型社会形成基本法の適用です。公共土木事業等への汚染資材の利用という強力な拡散政策に結びつきます。

③　権利なき被害者と権限なき自治体
　特措法の国と国民の関係は「やってやる」「やってもらう」関係だと言うことです。事故由来廃棄物の扱いは、国（環境大臣）が一方的に「基本方針」を定めて行います。何をやるかは、すべて国が決めることになっており、住民の権利も自治体の権限も定められていません。国の定めた基本方針に協力するだけの存在として扱われています。

④　福島再生復興特措法との組み合わせによる20ミリシーベルト受忍政策
　この法律には「原子力政策を推進してきたことに伴う国の社会的責任」という文言はありますが、最も尊重されるべき住民の人間としての権利が前提になっていません。この法律と、汚染対処特措法の拡散政策や20ミリシーベルト線量限度を受忍させる政策の組み合わせによって政策が進められています。経済復興を優先するために人間を犠牲にする構図です。

7-02 公害規制の基礎の基礎から汚染対処特措法を理解する

　放射性物質を適用除外にしていた環境基本法13条を見てください。

第13条　放射性物質による大気の汚染、水質の汚濁及び土壌の汚染の防止のための措置については、原子力基本法(昭和30年法第186号)その他の関係法律の定めるところによる。

　大気の汚染、水質の汚濁、土壌の汚染の三つを名指しして「防止のための措置」を適用除外にしています。

　これは、公害の原因になる物質(公害原因物質)は、空気と水と土壌を汚染するというのが基本形態だからです。

　そこで、大気汚染、水質汚濁、土壌汚染という三分野が公害規制の基本的な対象になります。(4-02参照)

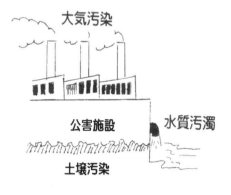

　この三分野の基本的な公害規制の法律が、大気汚染防止法、水質汚濁防止法、土壌汚染二法(農用地土壌汚染防止法、土壌汚染対策法)です。

（5-02の解説参照）

　これに対して、廃棄物処理法、循環型社会基本法、環境影響評価法などは、公害規制自体を目的とする法律ではありません。公害規制法と、これらの公害関連法とを区別し、その「関係」を念頭に置くことが大切です。

公害を直接規制する法律と関連法の区別
＜公害を直接規制する法律＞

大気汚染防止法
水質汚濁防止法
土壌汚染2法
（農用地土壌汚染防止法）
（土壌汚染対策法）

 この法整備をするのが大前提

＜公害の規制に関連する法＞

廃棄物処理法
循環型社会形成基本法
環境影響評価表

 公害を規制する法律の制定無しに、関連法を適用すると汚染防止法でなく「汚染促進法」になってしまう。

　例えば、公害原因物質を大気汚染防止法や水質汚濁防止法による規制を飛ばして、廃棄物処理法を適用すると、次のようなことになってしまいます。

大気汚染規制なし
水質汚濁規制なし
土壌汚染規制なし

　これでは汚染拡散施設になってしまいます。

　公害原因物質を放射性物質に置き換えて見ると分かりやすいと思います。汚染対処特措法がまさにこれです。

第7章　事故由来廃棄物に対する公害規制

規制基準も環境基準もない
放射性物質の処理・処分
施設となった
＝公害規制無きゴミ扱い

廃棄物処分

　以上に加えて、循環型社会形成基本法の適用により、放射能汚染資材（汚染ゴミ）を資源として公共土木事業等に再利用する道を開きました。

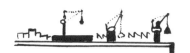
公共土木事業　汚染資材再生利用

循環型
社会形成
推進交付金

ドヤ　反対
しにくいやろ
国

知事

＜ゴミ扱いの基準は行政に丸投げ＞

| 廃棄物処理法

放射性物質
適用除外 | ⇒ | **ただし汚染ゴミは例外扱いする**
環境省が決めるレベルまで廃棄物処理法で
ゴミ（一般廃棄物、産業廃棄物）扱いできる。
（汚染対処特措法） |

ゴミ扱いの基準は行政に丸投げしています。
　法律によって丸投げされた環境省は、省令でキログラム当たり8,000ベクレルまでをゴミ扱いすることに決めました。
　このように、汚染対処特措法は、「法律によって」行政が放射能汚染事業の中心的な実施主体となり、丸投げ委任の範囲で、放射性物質を拡散できることにした法律です。公害規制とは全く逆の公害拡散制度です。
　国、自治体、民間を問わず、原子力公害事業の実施主体を厳しく取り締まる放射能汚染防止法の整備が必要です。環境基本法は「法律上」それを国に義務付けているのです。(6-01参照)

＜原子力公害対策という基礎を欠く汚染対処特措法と除染事業の「公共事業化」＞

　環境基本法の改正に伴い、放射能汚染は公害として位置づけられたのですから、除染対策も公害対策として位置付けて行う必要があります。
　しかし、現在の法律は、除染の範囲、程度、方法、効果の検証などについて、人と環境を汚染から守るという公害規制の基礎が欠けています。
　現在の汚染対処特措法による除染事業では、事業そのものが自己目的化し、公共事業化していくのは避けられないでしょう。
　その結果、除染の効果のない事業を予算に従って実行することによって、逆に汚染を拡散し、あるいは汚染事業が終わったことを理由に、汚染した環境に人を居住させるようなことになりかねません。
　汚染対処特措法は、公害規制関係法の整備に合わせて、汚染から人と環境を守るという公害規制法に全面的に組み替える必要があります。

7-03　国は、放射性物質に対する公害規制法整備から始めよ

＜要求事項＞

① 国は、環境基本法13条が削除され、大気汚染防止法、水質汚濁防止法の放射性物質適用除外規定が削除された現在、汚染対処特措法は、原子力公害防止法としての法的位置付けを明確にして、全面的に組み直すこと。

② 放射性物質について、大気汚染防止法、水質汚濁防止法の公害規制を未整備のまま放置して、廃棄物処理法を例外的に適用し、循環社会基本法を適用するのは、原子力公害を拡大するものであり直ちに改めること。

③ 汚染ゴミに対する法規制は、その前提として放射性物質に対する大気汚染、水質汚濁、土壌汚染の規制基準、環境基準を整備し、その基礎の上に整備すること。

④ キログラム当たり100ベクレルを超える放射能汚染ゴミについては、廃棄物処理法の一般廃棄物、産業廃棄物とは明確に区別して、特別の処理・処分基準を定めること。

⑤ キログラム当たり8,000ベクレルを基準とする公共土木事業の利用は、原子力公害の拡散政策であり放棄すること。

⑥ 汚染ゴミの処理・処分施設について立地基準を設けること。特に、人の生活圏からの距離、学校、病院、などからの距離制限を設けること。

⑦ 汚染ゴミの処理・処分施設については、大気汚染、水質汚濁、ともに放射性核種の排出は「検出されない」を規制基準・環境基準とすること。

⑧ 汚染ゴミの処理・処分施設からの放射性物質漏洩による土壌汚染についても「検出されない」を規制基準、環境基準とすること。

⑨　汚染ゴミの処理・処分施設の常時監視（モニタリング）は、文字通り時間継続的な監視・観測を行い、時間的な変動を記録し、断続的観測方法はとらないこと。特に、地下水への漏洩についての監視は正確に把握できる装備を備えること。

⑩　汚染ゴミ処理・処分施設の常時監視は県の法定受託事務とすること。

⑪　汚染ゴミの処理・処分施設について管理責任の所在を明確に定め、管理責任者を定め、管理義務違反の罰則を整備すること。

⑫　居住その他人の使用する不動産の除染義務の範囲は、その不動産の周辺の除染をもって履行したものと見なしてはならず、地域社会全体として除染の効果が達成されることを義務とすること。

⑬　除染、焼却、埋設などの汚染ゴミ対策については、常にその方法が、人と環境を守るために適切であるか否か、逆に被害を拡大していないか、効果のない無駄な公共事業となっていないか、などの検証を行うこと。

⑭　除染義務の履行については期限を定め、期限内に履行できなかったときは、汚染に対する賠償責任とは別に遅延に対する賠償義務を負うこと。

＜解説＞

①　要求事項は、これまで述べてきた放射性物質に対するあるべき公害規制法の応用です。

②　既に広範囲に汚染されてしまっているのだから、処理・処分施設の公害規制を厳しくしても無意味ではないか、という方向に流れていく恐れがあります。そうなると、汚染の影響をないように見せたい行政によって被害が隠蔽されてしまう恐れがあります。

③　「公害規制無きバラマキ政策をやめよ」など、法制度の濫用について、わかりやすく核心を衝いた表現が必要でしょう。

第8章　放射能汚染防止法制定に取り組む

　福島第一原発事故後、札幌市とその周辺の市民団体が放射能汚染を公害としてとらえ、「放射能汚染防止法」の整備を求める運動を続けてきました。
　本書も、5年を越える運動経験を経て作成したものです。
　ここでは、これまでの経験を踏まえて「ここがピンとこない」「じゃ　どうすればいいの？」などの疑問に応えるよう工夫してみました。
　取組みの過程で、もうひとつの課題が浮上しています。放射能汚染という巨大な課題に対応した学術の必要性です。新しいタイプの学者が生まれ、一定の学術の層が形成されることへの期待にも触れました。

8-01 法律がおかしい　札幌発の市民運動

 炉心溶融

 直ちに影響はありません

捜査機関は動かず　・・・　全国自治体に汚染ゴミ受入れ要請　・・・
北海道にも多くの避難者　・・・

いったい法律はどうなってるの

公害・環境法が適用除外でドータラコータラ

法律がない？それどういう意味？

 弁護士

消費者団体関係者などを中心に、学習会など　・・・

反公害運動が生み出した法律

公害犯罪処罰法
公害国会で制定

日本には、こんな法律があったんだ

弁護士のドータラより、これ読んだ方がピンとくる

第8章　放射能汚染防止法制定に取り組む

これは何だ、放射性物質の公害・環境法からの適用除外　…
汚染しても、被曝させても、責任がない　原子力産業に対する特別扱い
　　こんなことは許せない

・・

　　法改正を見越した運動が始まった…　走りながら考えよう
　　　　　　　　＜2011年11月11日＞
　　　　　　―スタート宣言―　　＜資料１＞
　　「放射能汚染防止法」を制定する札幌市民の会　（注１）

・・

| 自治体議会に法整備意見書陳情 | 法整備の中央要請活動 | 公害犯罪処罰法改正要望 |

| 全国会議員への法整備取組み要請 | 市民団体への取組み呼びかけ | 学習会、講演会、院内集会など |

　　　　　　　　　　　　　　　　　　　　＜活動経過は資料５＞

・・

　　　　　＜法整備を求める地方議会意見書採択＞
　北広島市議会　江別市議会　石狩市議会　小樽市議会　札幌市議会
　　　　　道議会への請願は継続審査のまま終了

＜事故から5年：人々の不安と政策のズレ＞

| 原発再稼動反対60% | ⇒ | 政策に反映されない | ⇒ | 再稼動 |

　60％の人が原発再稼動に反対し、不安を持っています。（注2）しかし、国レベルでも、自治体レベルでも、この不安は、政策に反映されず、再稼動に流れています。このズレは、法制度と密接に関係しています。

　原発問題は、過酷事故によって建屋が破壊されることや、圧力容器が破壊されること自体ではありません。そこに猛毒の放射性物質が存在し、それが環境を汚染し、計り知れない害を及ぼすからです。これが人々の不安の根源です。

　現在の原発推進政策は、放射能汚染という最も重要な課題を無いかのように扱って進められています。

　そのため60％の人々の不安は背後に押しやられ、現実の政策との間にズレが生じているのです。

＜不安の根源に立って法整備に取り組む＞

　国は、法制度の抜本的な見直しを約束し、環境基本法も改正されたのに法整備を怠っています。放射能汚染という原子力公害を課題に載せないようにしながら、原発再稼動を行い、被災者を汚染地帯に帰還させる政策や、汚染ゴミを公共土木事業で利用する政策を進めています。

　これまでの放射能汚染防止法制定運動を通して言えることは、放射能汚染という、人々の不安の根源に立って活動することの大切さです。その不安を公の場に課題として登場させ、原子力公害から、人と環境を守るための法整備に取り組む必要があるのです。

第8章　放射能汚染防止法制定に取り組む

8-02　始めよう　すぐにもできる取り組み

　各種の取り組みについては第5章、第6章で述べましたが、今すぐにもできる取り組みをいくつか取り上げ、簡単に説明します。

（1）この質問書作りから始めよう

質問書
想定される乳牛処分は？
茶葉の出荷制限は？
放棄するホタテの養殖は？
新幹線の停止期間は？

 知事殿

 国会でも質問してもらいたい

① 第1章の「逃げた後はどうなりますか」を、地域に根ざした質問書にして県や国に回答を求めましょう。法律知識は不要です。
　資料③の北海道知事に対する質問書の「質問事項」を各原発所在地で地域に適した内容にするとよいでしょう。
② 国は、放射能汚染という被害を課題からそらすことによって、法整備を怠っています。国や自治体を放射能汚染という被害に向き合わせることが大切です。
③ 直面する再稼動問題でも、国は課題を安全・防災対策に限定し、汚染という被害には一切触れないようにしています。
④ 北海道のグループは取り組み月間を設けて、毎年全国一斉に知事や国にアプローチすることを提唱しています。(注3)（資料3）

（2）すぐ取りかかる。自治体議会「意見書」

全国の自治体は住民を放射能
汚染から守る義務があります
全国の地方議会で法整備の意見書
を採択させましょう

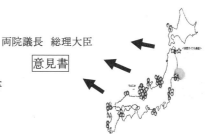

　(1)の質問書作りと並行して、すぐにでも取りかかれる方法として、地方議会に対する法整備の意見書の採択陳情や、請願があります。(資料2)
① 放射性物質に関する放射能汚染防止法整備の議会陳情・請願
　地方議会の放射能汚染防止に関する意見書や請願の採択は比較的得やすい方法です。既に国が法制度の抜本的見直し等の方針を示し、自民党や公明党も賛成して成立しているのですから、これを説得材料にできるからです。
② 札幌市議会の例では、1人会派(2016年6月現在)の市民ネットワーク北海道の議員が粘り強く働きかけを行い、全会一致で採択されています。なお資料2の意見書は、会派調整段階で当初の発案を大幅に要約短縮したものになっています。
③ 自治体によっては、議会で陳情者に意見を述べる機会が与えられているところもあります。小樽市議会では意見陳述の上採択されています。
④ 自治体議会の議決が全国に広がれば、法制度の見直しを約束した国会で争点になるのは確実です。
⑤ 汚染資材の公共事業利用など、国民は放射能汚染問題に直面しているのですから、少数議員の活動でも大きな波及効果の期待できる意見書採択に取り組むべきです。
　1人の市民が1人の議員に声をかけるところから始められる運動です。

(3) 法整備要求：基本的なところから

> **要望書**
> ベクレル単位で総量規制せよ
> セシウムをばらまいた者を罰せよ

第2章の人と環境がどう扱われているかを参考にしてください

法整備の取り組みというと、難しい法律を知らなければならないと思いがちです。しかし「法整備がなされていない」「これはおかしい」と理解した段階で意見は述べられるのです。

① 「総量規制せよ」など端的で核心を衝いた要求

こんな簡単な要求が、ことの核心を衝いた要求になります。(5-02参照)

② 「放射性物質に関する公害規制法の整備をせよ」などの端的な要求

これも、両議院の附帯決議や法律で法整備することになっているのですから、そのことを引用して、要求、要望、請願、意見書などの形で作成するのは容易です。(資料2参照)

ある程度わかってきたら、環境基本法の条文などを引用すると裏付けのある文書になります。(3-02 3-03 6-01参照)

(4) 国会と国会議員へのアプローチ

① 衆参両院への法整備要求、請願など内容自体は、「環境基本法に従って国会自ら法整備に取り組め」のような、簡単なものでもよいのです。

同じ内容のものを繰り返し行うことも必要です。国会を動かすには、持続的にアプローチが必要なのです。

② 議員への要請など

法整備は、国会が附帯決議や法律で決めたことです。これまでのアンケ

ートでも法整備について「やらない」という議員はいません。
③　議員連盟の結成を求め支援していく。

　放射能汚染防止法の整備は、60％の人々の不安に応えるということです。人々の不安と政策の大きなズレに着目すれば、たとえ少ない議員数でも世論を引きつけ、共感の輪を広げることができます。

　最初から完璧な法制度が実現できなくても、議員集団の研究段階から出発し、問題点を公表し、世論と呼応し合う関係を作ってほしいと思います。
④　謝罪決議要求

　放射性物質を公害・環境法から適用除外にし、しかも、福島第一原発事故の後も、法整備を行政に丸投げしている状態です。

　国会の機能不全は、あまりにもひどすぎます。

　公害国会の際、その5年前から**産業公害対策特別委員会**が設置され、活発な議論が展開されてきたのとは大きな違いです。(3-03参照)

　国会は国民に謝罪決議をして緊張感を取り戻すべきです。(3-1＜国会は国民に謝罪決議すべきである＞の囲み記事参照)

　この場合、議員個々人への「糾弾」とは異なることに注意すべきです。あくまで議会として機能させることが目的です。国会の機能回復のためには問題意識を持った議員と有権者の協力関係は欠かせません。

(5) 内閣総理大臣、関係大臣へのアプローチ

①　大気汚染防止法、水質汚濁防止法の規制基準・環境基準の整備要求

　これは、現在内閣や環境大臣が環境基本法に従って法整備しなければならない事項です。

　この法律上の義務に反して、法整備を怠りながら、汚染がれきの処理などを行っているのです。

②　汚染対処特措法は、公害規制法の整備の上に全面見直しを求めるこ

とが必要です。第7章を参考に、放射性物質の公害規制無き「ゴミ扱い」を
やめるよう求めていきましょう。
③　公害被害者である被災者への人権侵害政策を改めるよう要求
　第6章で述べたように、大変深刻で重要な問題です。このようなストレート
な表現を使って要求してもおかしくありません。それほどひどいのです。(6-
03参照)

(6) 草の根的運動の大きな可能性

①　資料3の北海道知事に対する質問書の「質問事項」を見てください。作成するのに法律的な知識は全く必要ありません。
②　60％の人々の不安の根源は、この質問事項にあるような「放射能汚染による被害」にあるのです。この不安が、法律によって公的な「課題」から外されていることが、不安を潜在化させているのです。
③　従って、少人数の草の根的運動であっても、大きな役割を果たすことが期待できるのです。
④　放射能汚染防止法を制定する札幌市民の会は、5年の活動経験を踏まえて、毎年取り組み月間を設けて全国で地域に根ざした取り組みをすることを提案しています。(注3)
　原子力公害の法整備問題は、重大で基本的な問題なのに、主権者に情報が伝わっていません。全国的な動きが生まれれば、報道機関も、その意味を理解するでしょう。
　60％の人々の不安に応えるために、全国に草の根的運動が広がることを期待します。
　なお、「放射能汚染防止法を制定する札幌市民の会」は、他の団体が同じような団体名を使う邪魔にならないように、団体名に「札幌市民の会」を入れています。

8-03　これこそ「男女共同参画」
　　　　「専業主婦」よ学者を目指せ

弁護士のドータラは
わかった　しかし
学術書が見当たらん
どうなってるんだ

環境基本法改正！
なんていう本が、たくさん
出てくると言っていたよね
どうしたの？

学術の空白

　福島第一原発事故後、環境基本法が改正され、放射性物質は法律上公害原因物質に位置づけられました。当然、学術の世界から放射能汚染から人と環境を守るための学術書が一挙に提供され、その情報は、かみ砕かれ、広く人々の間に浸透していくものと期待されました。しかし、事故後5年を経過しても、放射能汚染を公害として扱った教科書といえるものは1冊も出版されていません。まとまった論文の一本さえ提供されていません。学術の空白です。(注4)

「放射能汚染」という課題の大きさと法制度

　福島第一原発事故は、原発問題が「放射能汚染問題」であることを否応なく我々に見せつけました。地球規模の広がり、運命付けられた幾世代にもわたる取り組みの必要性・・・　求められているのは、時々の政治や経済に左右されない恒久的な法制度です。(注5)

「専業主婦」よ学者を目指せ

「学問はこれでよいのか」という問題状況は、1960年代の「公害列島」のときと驚くほど似ています。(注6) 当時は、若い研究者達が積極的な役割を果たしましたが、原発では、そのような状況も生まれていません。

放射能汚染防止の法整備問題に取り組む過程で、じわじわとわき上がってきている疑問・不満、それは「人権や民主主義を標榜する法律の世界が、なぜ原子力公害に取り組まないのか、『法の空白』どころか『法学の空白』ではないか」ということです。

大学の法学教育の柱は、既存の法律や裁判例の解釈です。この解釈の訓練を受けた人が行政や司法の公務員になっていきます。教える側も自ずと既存の法律や判例を研究することが柱にならざるをえません。これは万国共通のようです。

現在の大学教育の殻を破った新しいタイプの学者が求められているように思われます。

・・

既存の権威から自由な人が学問の世界に求められているんだよ   そんな自由な人っているかな？

男女共同参画なんだから専業主婦が学者になればいいんだよ   国の政策に協力する男女共同参画よりこっちの方が価値がある
（注7）

悪くないかも？ ‥‥‥

(第8章の注記)

注1 構成団体　生活クラブ生活協同組合、NPO法人北海道ワーカーズ・コレクティブ連絡協議会、市民ネットワーク北海道、環境市民連絡会・札幌、子どもの未来を守る市民の会、原子力公害に取り組む札幌市民の会(後日加入)　事務局担当　市民ネットワーク北海道

注2　「原発再稼動に反対6割」(2016.2.29日経朝刊)「全国世論調査　原発再稼動反対58％」(全国世論調査会　2015.9.29　東京新聞)　世論調査は調査方法により数値に違いが出るとはいえ、この数値から大多数の国民が、原発に強い不信や不安を持っていることは容易に想像できます。

注3　2016年2月16日　放射能汚染防止法制定を求める院内集会での、放射能汚染防止法を制定する札幌市民の会佐藤典子の提案

注4「原子力法制について、放射性物質を公害物質として捉える視点からの、教科書的な法律書は一冊も出版されていません。本書を目にした法律学者の方々へ、我々は渇望しています！」放射能汚染防止法制定運動—ガイドブック－2012年5月10日臨時配布版

　「福島第一原発事故が起きて4年を経過した時点でも、放射能汚染を公害として捉えた本格的なテキストも論文も一つも見あたりません。時計の針が止まったような状態です。現在の学術の空白が、半世紀後、1世紀後にも及ぶであろう、取り返しのつかない影響を憂慮せざるを得ません」放射能汚染防止法制定運動—ガイドブック－　2015年7月30日仮配布版

注5　私の視点「放射能汚染『公害』として汚染防止法を」上田文雄札幌市長2013年10月24日朝日新聞朝刊

注6　宇井純「建物と予算を国から与えられて、国家有用の人材と称する役人、技術者の養成を目的とした大学は、当然富国強兵のための技術しか教えないのは無理もない」(合本公害原論—公害原論1P8)「ジュリストの471号の巻頭に、(中略)日本の非常に有名な法律学者の、公害にかんする座談会があります。これを腹を立てずに終わりまで読み通せるとしたら皆さんよほど忍耐

力のある方がたでして」（同 P264）

注7　「専業主婦」という表現を好ましくないという方もおられるようですが、「人材活用」的発想を対抗的にとらえています。文脈でご理解ください。

よくある質問

Q1　原子力関係法律の規制を厳しくすれば、公害法の規制をしなくてもよいのではないか。

A　よくありません。公害法は、公害から人や環境を守るために産業活動を規制する法律です。原子力関係の法律は、産業振興という大きな目標の枠内での法律です。両者は、立法目的も性格も異なります。産業振興法に公害から人権を守る法制度を継ぎ足すようなことをすべきではありません。そのようなことをすると、公害国会で削除になった産業振興との「調和条項」を復活させるよりも更に悪くなります。(3-02、1-03参照)

Q2　環境基本法は「基本法」とあるように、単なる理想論だけの法律ではないか、適用されたからと言って期待できない。

A　誤りです。環境基本法は、旧公害対策基本法を前身とする法律で、国が何をすべきかを定めている法律です。反公害運動の成果です。誤ったイメージに陥らないようにしましょう。(3-02、6-01参照)

Q3　放射能汚染についての公害規制と言えば、要するに廃棄物処理法を適用することではないのか。

A　全く違います。廃棄物処理法は、公害を直接規制する法律ではありません。公害規制の中心になるのは大気汚染、水質汚濁、土壌汚染を規制する法律です。これらの法整備なしに廃棄物処理法を適用したのが汚染対処特措法です。その結果原子力公害を規制するのではなく拡散しているのです。(7-02参照)

Q4　福島原発事故で汚染してしまったのだから、今更放射能汚染を公害として規制する法律を制定しても意味が無いのではないか。

A　間違いです。行政はそのように持っていこうと動いています。(3-03＜公務員の反法治主義・反人権活動＞参照)　がれき、デブリ処理、汚染水管理など、事故関連の対策はもちろんのこと、50基の原発、高レベル、中レベル、低レベルの廃棄物、原発廃炉事業など本格的な原子力公害法＝放射能汚染防止法の整備が不可欠

です。

Q5　再稼動の是非で汚染被害がテーマになっていないのはなぜか。
　　＜類似の質問：再稼働は安全・防災で議論すればよいのではないか＞
A　再稼動を安全性・防災問題に限定しているのは現在の法律であり、国の政策です。多くの人々もこれに引きずられています。汚染という被害を想定しても、なお、再稼動するのか、という判断が迫られているのです。

　安全・防災で議論すればよいと考えておられる方は、再稼動が、農民や漁民に対する被害を無視して進められていることを想起してみましょう。農場や漁場は逃げることなどできないのです。

Q6　脱原発が実現しても安心できないのか。
A　できません。脱原発が実現しても、地上に出現してしまった大量の核分裂生成物が消えて無くなるものではありません。例えば、デブリの始末、50 基の原発の廃炉だけを取り上げても、今の我々より 100 年後の人々の方が、放射能汚染の脅威に晒されている可能性が高いのです。もうそこまで来てしまったのです。

Q7　放射能汚染を公害規制の対象にすると、原子力規制委員会の手を離れ環境省の所管になり、かえって規制が緩くなるのではないか。
A　公害規制の法整備は、官庁の所管以前の問題です。第5章で述べたような、しっかりした公害規制の法整備をする。それに対応した行政機関を整備する。これが鉄則です。考える順番を間違えないようにしましょう。Q1も参照してください。

Q8　単なる立法論だ、法治主義？　そんなの日本では無理。
A　日本の法治主義の未熟さを指摘する余り、過去の成果まで否定しないようにしましょう。公害国会で体系化された公害法の体系は、人権擁護の法体系の性格を持っています。国民が、内発的に人権を守る法体系生み出した歴史を過小評価すべきではありません。

Q9　放射能汚染防止法を整備すると言うことは、原発を認めることになるのではないか。
A　「公害産業を認めることになるから公害規制法はいらない」と言うのと同じで誤り

です。現在も原発産業は公害規制を免れて維持されているのです。

Q10　法整備は裁判と関係あるか。

A　大ありです。裁判は、法律に従って行われるのです。法律による司法は、法律による行政とともに基本中の基本です。まともな法律あっての、まともな裁判、まともな行政です。(第3章表題部囲み記事参照)

Q11　世界の国々が、新たな原発導入や増設をしようとしている。福島の事故を経験したとはいえ、放射能汚染に対する過剰反応ではないか。

A　過剰反応ではありません。資源エネ庁などの予測通り世界の原発が増加し、世界の国々が、日本と同じような「原発大国」になったらどうなるかを考えるべきです。核分裂生成物が地球全体に拡散し、過酷事故は何度も起こると予想されます。人間を進化させてきた地球環境とは別になってしまいます。外国の原発にも日本の原発にも反対すべきです。(1-04参照)

資料集

資料1 「放射能汚染防止法」制定運動
　　　　ースタート宣言ー

市民の力で「放射能汚染防止法」を制定しよう
ースタート宣言ー

　2011年3月、東京電力福島第一原子力発電所が爆発し、ヒロシマ原爆20個分以上の放射性物質が大気中にまき散らされ、高濃度の汚染水が海中に投棄されています。原発事故から8ケ月が立ちましたが、何ら問題解決されず、私たちはかつて経験したことのない放射能汚染の恐怖にさらされています。

　このような中、未だに、一部の政治家や専門家が「スポット的に放射能の数値が高くても、その場に居続けるわけではないので問題はない」と語る言葉を、もう誰も信じてはいません。25年前、チェルノブイリ原発事故が起き、その時点で、原発の安全神話は崩壊していたはずです。しかし、国も電力会社も、事故は外国で起きたことであり、科学技術が進歩している日本で起きることはないとして原発を推進してきました。こうした姿勢は、福島原発事故後も変わることなく、さらに、野田首相は原発輸出を進めようとしています。今回の事故を、「想定外」の一言で責任逃れすることは絶対に許してはなりません。

　農産物や海産物、家畜が放射能汚染を受け、さらに、母親の母乳からもセシウムが検出されました。内部被曝による健康被害が大きな問題として突きつけられています。これだけ大きな事故を起こしたにもかかわらず、だれも責任をとらず、罪にも

問われていません。何故なら、放射性物質が公害法から除外されているからです。

　国は、8月26日、がれき対処の汚染特別措置法を制定しましたが、放射性物質の定義や排出者責任は盛り込まれていません。場当たり的に成立させ、福島原発事故にだけ適用されるもので根本的な問題解決にはなりません。
　現在の原子力関連の法律は、原子力を利用するために作られた法律であり、原発の安全基準も原発推進という枠内のものです。環境・公害問題については、環境基本法や公害防止法など一連の法律がありますが、放射性物質を適用除外しており、これからの脱原発時代には役に立ちません。脱原発とそれに続く廃棄物の始末は、気の遠くなるような長い長い汚染との戦いになります。これ以上、放射能汚染物質を増やさず、今現実に警告されている老朽化原発の事故を阻止し、脱原発を早めるためにも「原発推進」から「汚染防止」の法体系に転換することが必要です。

　私たちは、子どもたちを放射能被害から守り、次世代に持続可能な社会を引き継ぐため、国の放射能汚染に対する抜本的な対策を求め、排出者責任などを盛り込んだ法律の制定をめざします。
　市民による法案づくりを行い、今こそ、原発のない社会を実現しましょう。
　　　　　　　　　　　　　　　　2011年11月11日
　　　　　「放射能汚染防止法」を制定する札幌市民の会

資料2　札幌市議会　法整備を求める意見書

放射性物質による環境汚染を防止するための法整備を求める意見書

　放射性物質による環境汚染を未然に防止するため、2011年6月、水質汚濁防止法改正に当たり、衆参両院で附帯決議がなされ、関連環境法令における放射性物質に係る適用除外規定は見直しを検討すべきとされた。また、福島第一原発事故を契機として、2012年6月、環境基本法の放射性物質適用除外規定が削除された。

　これに伴い、2013年6月、大気汚染防止法、水質汚濁防止法においても適用除外規定が削除されたが、他の放射性物質に関する環境関係法についても具体的な法整備が急がれる。

　よって、国会及び政府においては、環境基本法の改正を踏まえ、放射性物質による環境汚染を防止するための法整備を早急に進めるよう強く要望する。

　以上、地方自治法99条の規定により、意見書を提出する。

　平成28年（2016年）6月3日

　　　　　　　　　　　　　　　　　　　　　　　　　　　札幌市議会

（提出先）　衆議院議長、参議院議長、内閣総理大臣、総務大臣、経済産業大臣、
　　　　　環境大臣
（提出者）　民主市民連合所属議員全員及び無所属坂本きょう子議員、市民ネットワーク北海道石川佐和子議員及び維新の党中山真一議員

資料3　北海道知事に対する質問書

2014年11月7日

北海道知事　髙橋はるみ　様

「放射能汚染防止法」を制定する札幌市民の会
〒060-0052　札幌市中央区南2条東1丁目
TEL 011-200-2206　FAX 011-200-2207
連絡先佐藤典子(市民ネットワーク北海道内)

＜構成団体＞　生活クラブ生活協同組合　　　理事長　　船橋奈穂美
　　　　　　　NPO法人北海道ワーカーズ・コレクティブ連絡協議会
　　　　　　　　　　　　　　　　　　　　　代表理事　嶋　明美
　　　　　　　市民ネットワーク北海道　　　共同代表　伊藤　牧子
　　　　　　　　　　　　　　　　　　　　　　　　　　佐藤　典子
　　　　　　　　　　　　　　　　　　　　　　　　　　堀　　弘子
　　　　　　　環境市民連絡会・札幌　　　　代表　　　村上紀美子
　　　　　　　子どもの未来を守る市民の会　代表　　　石川佐和子
　　　　　　　原子力公害に取り組む札幌市民の会代表　山本行雄

北海道電力泊原子力発電所についての質問書

　北海道は、北海道電力泊原子力発電所の原子力防災計画を策定し、2011年3月の福島第一原発事故後何度かの修正を経て現在に至っています。
　この防災計画は、主に事故後の短期の防災対策を内容としています。しかし、事故による農業、漁業、製造業などの生産活動や事故後の居住制限など、道民生活の長期にわたる影響と対策については、殆ど触れられていません。

この防災計画とは別に、北海道が、過酷事故後の被害の予測や対策を策定しているという情報もその内容も伝わってきません。

　加えて、北海道が放射能被害から道民を守るために、如何なる法律に基づいて、どのような対策で道民を守ろうとしているのか、道民が共有すべき基礎的な情報すら伝わってきません。

　原子力発電所の過酷事故は、道民の生活に長期にわたって甚大な影響をもたらします。防災計画による避難訓練は、終われば人々は帰宅し、それぞれの生活に戻ることができます。しかし、実際に過酷事故が発生すれば、「逃げた後どうするか」という過酷な現実に晒されることになります。福島第一原発事故の現実がそれを示しています。

　特に北海道は、長期にわたって放射能汚染の被害を免れない第一次産業の農林水産業の比率が大きい地域です。

　私達は道民として、過酷事故による被害の予測も、予測に基づく対策も伝わってこないことに強い不安を持っています。

　以上の理由から、北海道電力泊原子力発電所において、2011年3月の福島第一原発事故と同様の過酷事故が発生した場合について、質問をさせていただきます。

　今回の質問の内容は、主に被害予測を中心とした内容になっています。これに道が、如何なる法令をもって道民を守ろうとしているのかを付加した内容になっています。

　下記質問事項に2015年12月12日までにお答えてください。よろしくおねがいいたします。

質　問　事　項

　以下、北海道電力泊原子力発電所において2011年3月に発生した東京電力福島第一原子力発電所事故と同様の事故が発生した場合についての質問です。尚、放射性物質拡散予測については、原子力規制庁作成の「拡散シュミュレーショ

ンの試算結果」（修正版平成24年10月）や道庁が原子力防災計画などに使用した気象資料等に基づいてご回答ください。

第1 農業被害について

1-01 放射能汚染により、1年以上耕作不可能となる道内の耕地面積はどの程度と予想していますか。全体の面積と、主な作物別の面積を数値で示してお答えください。

1-02 原子力災害特別措置法に基づく出荷制限を受ける道内の農産物について主要農産物の予想量と、それに相当する金額をお答えください。

1-03 道内の農業生産について、放射能汚染によって生ずると予想される損害額（風評被害を含む）を、事故後5年間については各年毎の、それ以降は、5年刻みで30年までの予想額をお答えください。

1-04 道内における、原子力災害特別措置法に基づき1年以上生乳の出荷制限を受ける乳牛の頭数は何頭と予想していますか。お答えください。

1-05 事故後の生乳の生産減少について、事故後5年間にわたって各年どの程度の量と予想していますか。お答えください。

1-06 道内における出荷不可能となる肉用牛及び豚の頭数は何頭と予想していますか。お答えください。

1-07 道内における養鶏業について、鶏卵及び鶏肉の生産高の減少は事故後5年間にわたって各年毎にどの程度と予想していますか。お答えください。

1-08 事故後、家畜の世話が1月を超えて不可能となると予想される畜産農家戸数をお答えください。

1-09 放射能に汚染された農地で除染をしなければならない予想面積をお答えください。

1-10 放射能で汚染された農地の除せんについて
　　　放射能で汚染された農地の除せん義務者、除せん義務の程度、除せんを怠った義務者に対する行政上の不利益処分や刑事罰について、道はこれらにつ

いて定めた法令の存否について把握していますか。把握しているとすれば、その法令名をお答えください。

第2　漁業被害について

2-01　放射能汚染により操業停止を余儀なくされると予想される海域を示してください(風評被害による操業停止を含む)。

2-02　予想される道内の漁業についての放射能海洋汚染による損害額について(風評被害を含む)、事故の年から5年間については各年毎の、それ以降は、5年刻みで30年までの予想額をお答えください。

2-03　事故により養殖事業はどのような被害を受けると予想していますか。概要をお答えください。

2-04　原子力災害特別措置法に基づく出荷制限を受ける海産物について、主要海産物の予想量と、それに相当する金額をお答えください。

2-05　事故後損壊した原子炉の冷却などのため生ずる汚染水について、故意又は過失によって、海洋に投棄することを規制する法令の存否を把握していますか。把握しているとすればその法令名と、規制の概要をお答えください。

第3　林業の被害について

3-01　放射能汚染により1年以上立入が制限されると予想される道内の森林面積をお答えください。

3-02　予想される道内の林業についての損害額について、事故の年から5年間については各年毎の、それ以降は、5年刻みで30年までの予想額をお答えください。

3-03　原子力災害特別措置法に基づく出荷制限を受ける林産物について、主要林産物の予想量と、それに相当する金額をお答えください。

第4 観光業の被害について

4-01 放射能汚染によって予想される1年以上営業を中止しなければならない観光事業所数と従業員数をお答えください。

4-02 原発事故によって予想される海外から道内への観光客の減少について、事故年から10年間の、各年についてどの程度の減少が予想されますか。お答えください。

第5 製造・加工業の被害について

5-01 放射能汚染によって1年以上工場を閉鎖しなければならないと予想される製造業・加工業について事業所数と従業員数をお答えください。

第6 観光事業を除くサービス業の被害について

6-01 放射能汚染によって1年以上営業を中止しなければならないと予想される事業所数と、従業員数をお答えください。

第7 事故後の避難、避難後の生活被害などについて

7-01 事故による30km圏外への一時避難について、予想人員をお答えください。

7-02 福島第一原発事故では、事故後飯舘村など30km圏外に及ぶ「計画的避難区域」が指定されましたが、これに相当する想定区域と避難対策の内容をお答えください。

7-03 事故後、被ばくを避けるために帰宅困難となる人々の、被災者数について、10日、1月、半年、1年、2年、3年、4年、5年以上、それぞれの期間を超えて避難を余儀なくされる予想人員をお答えください。

7-04 事故後放射能汚染により1年を超えて道外に避難すると予想される人員をお答えください。

7-05 事故による放射能汚染のため1年以上居住できなくなると予想される住宅戸数をお答えください。

7-06 福島第一原発事故では、原発から同心円で周囲30kmを超えて放射能汚染が広がり「緊急避難区域」に指定されましたが、これに相当する地域と避難計画はありますか。あるとすれば、その概要をお答えください。

第8 事故による学校、病院、その他の被害について

8-01 1年を超えて校舎を使用できなくなると予想される道内の小学校、中学校、高校を示してください。

8-02 1年を超えて児童生徒が校舎外での活動を制限される道内の小学校、中学校、高校を示してください。

8-03 事故後、道内の小学校、中学校、高校において予想される児童生徒の人員減を示してください。

8-04 事故による1年を超えて閉鎖しなければならないと予想される医療機関の数とベッド数をお答えください。

8-05 事故により1年以上閉鎖しなければならないと予想される老人施設の数と移転しなければならない入居老人の人員数をお答えください。

8-06 事故により1年以上閉鎖をしなければならないと予想される幼稚園、保育所、児童養護施設の数と、園児数、児童数をお答えください。

第9 公共交通に関する被害について

9-01 鉄道、道路について、放射能汚染のため1月を超えて不通となる予想区間、1年を超えて不通となる予想区間をお答えください。(北海道新幹線開通後の交通事情も踏まえてお答えください)。

第10 健康被害について

10-01 事故後の住民の被ばく線量を計測し記録するための対策は整備されているのですか。整備されていると判断する場合は、それを定めた法令及び政策の書名を示してお答えください。

10-02 事故後、一時滞在者を含めて被ばく者及び被ばくの程度を把握するための対策は整備されているのですか。整備されているとすれば、それを定めた法令及び政策名を示して、その概要をお答えください。

10-03 事故後長期にわたる被ばく者の健康管理の対策は整備されているのですか。整備されているとすれば、それを定めた法令及び政策名を示して、その概要をお答えください。

10-04 事故後の避難基準として年間の被ばく線量基準を定めた法令はあるのですか。あるとすればそれを定めた法令名をお答えください。

10-05 福島第一原発事故後政府が定めた避難基準である年間被ばく線量20ミリシーベルトが基準になるとすれば、労働安全衛生法の専門家以外の立入が禁止される放射線管理区域の年5.2ミリシーベルト(3月1.3ミリシーベルト)を超えるところに児童を含む人が居住することになり、大きな議論になりましたが、この点について道の見解をお答えください。

10-06 福島第一原発事故では、「原発関連死」が深刻な問題となっていますが、「原発関連死」を想定した対策の必要性があると考えますか。あると考える場合は、国、自治体は何をしなければならないのか、何ができるのかお答えください。

第11 放射能により汚染されたがれきについて

11-01 放射能によってkg当たり100ベクレル以上汚染されたがれきの量について、発生量はいくらと予想していますか。お答えください。

11-02 道内に発生した放射能によって汚染された可能姓のあるがれきは、廃棄物処理法上一般廃棄物に該当するのですか。産業廃棄物に該当するのですか。法令上の根拠を示してお答えください。

11-03 道内に発生した放射能で汚染された可能性のあるがれきは、道内で処理するのですか。道外でも処理するのですか。法令上の根拠を示してお答えください。

11-04　放射能で汚染されたがれきの処理に当たって焼却処理をすることになるのですか。なるとすれば放射能汚染物専用の焼却炉によって焼却するのですか。既存の自治体の焼却施設も使用することになるのですか。放射能汚染物質焼却専用の施設の有無と建設予定、使用を見込まれる既存の施設名と併せてお答えください。

11-05　放射能で汚染されたがれきを焼却処分する場合、焼却灰の処分実施義務者、処分基準、処分方法、処分場所の選定を定めた法令を把握していますか。把握しているとすればその法令名をお答えください。

第12　除染について

12-01　予想される放射能により汚染された地域の除染について、除染を要する宅地、農地、山林の面積はどの程度と予想していますか。

12-02　放射能により汚染した、土地、住居、建物などの除染について、除染の義務を負う者は誰ですか。法律上の根拠を示してお答えください。

12-03　除染の対象となる土地や住宅の所有者、使用者は、除染義務者に対して除染を請求する権利はあるのですか。あるとすれば、誰に対して、どの程度まで除染をするように請求できますか。法律上の根拠を示してお答えください。

第13　法令について

13-01　福島第一原発事故と同様の過酷事故が発生した場合、大量の放射能汚染水が発生しますが、この汚染水を故意又は過失により、環境中に漏洩することを規制するための行政処分や刑事罰の法令は整備されていると認識していますか。整備されていると認識しているとすれば道が把握しているその法令名をお答えください。

13-02　福島第一原発の過酷事故と同様の事故発生を想定した場合、道民を守るための法律は整備されていると考えますか。原発事故が単独で発生した場合だけでなく、原発事故が地震、津波と複合して発生した場合とについて、整備

されていると考える場合は、法令名とその概要、されていないと考える場合は、どのような法令の不備ないし欠陥があると考えるのかお答えください。

13-03 福島第一原発事故を契機に環境基本法、大気汚染防止法、水質汚濁防止法などの放射性物質適用除外規定が削除されました。しかし、環境基準や規制基準の法整備はなされておらず、土壌汚染関連法など多くの公害関連法は放射性物質の適用除外規定を残したままになっています。自治体として、国のあるべき公害法の整備をどのように考えるか、環境基本法7条の地方公共団体の責務として何をなすべきと考えているかについてお答えください。

以上

資料4　環境基本法改正に伴う当面必要な法整備案骨子

前注：試案段階のものです。よりよい案に期待します。

　国などに要求する場合、ここにあるような体系的な内容の要求から始めるよりも、本文にあるように、総量規制、大気汚染防止法や水質汚濁防止法の規制基準・環境基準、刑事罰の整備のように、具体的な課題に的を絞った方が実践的でしょう。

　差し迫った問題として、法整備無しに再稼動が許されるのかという問題があります。資料3の知事への質問のような課題に優先して取り組んでいきましょう。

1　法整備の基本概念

1-01　公害法としての一元的法整備をする。

　　放射性物質に対する公害関係法の整備は、原子力基本法以下の法体系と峻別し公害規制の基本法である環境基本法以下の法体系の下に一元的に整備すること。特に環境基準や規制基準を原子炉等規制法その他の原子力関係法の定める基準を援用ないし代用しないこと。

1-02　放射性物質と非放射性物質は峻別して扱うこと。

1-03　放射性物質は集約管理し、環境への拡散・希釈は原則的に行わないこと。やむなく拡散・希釈する場合も厳格な排出口における総量規制を前提とすること。

1-04　汚染者、原因者負担の原則を明記すること。

2　国会と行政の組織と役割

2-01　国会に放射性物質による公害を防止するための法整備及び政策を審議するための特別委員会を設置すること。

2-02　環境省に放射能汚染を公害として扱う部門を整備し、産業振興法である原子

力基本法以下の法令に基づく行政から独立して行政を行うこと。

3　放射能汚染に対する公害規制法の基本的構造

3-01　環境基本法13条の削除に伴い、全ての公害・環境法の放射性物質適用除外規定を削除し、原子力基本法体系とは峻別した公害・環境法の体系として放射性物質の特性に応じた法整備をすること。

3-02　大気汚染防止法、水質汚濁防止法における総量排出規制を柱とする法整備を行うとともに、それとの整合性ある土壌汚染防止法を整備し、更に、それらの法整備の上に環境評価法その他の法律を整備すること。放射性物質の混合処理は行わず、放射性物質とその他の廃棄物は峻別して扱うこと。区分は従来のクリアランスレベルによること。

3-03　放射性物質の排出規制は排出口における総量規制を基本にすること。総量規制のない拡散・希釈による濃度規制や線量規制という方法は採らないこと。

3-04　環境基準、規制基準、常時監視、罰則の他、情報公開、情報隠蔽の規制、住民、自治体の権限などを内容とする総合的、体系的な法整備をすること。

3-05　環境基本法による環境基準、大気汚染防止法及び水質汚濁防止法による規制基準は、現行原子力発電所の年間放出管理目標値の数値と同一の数値を基礎とし、測定期間を短くし、核種ごとに詳細に定め、セシウムなど通常運転では漏洩しないはずの核種については「検出されない」を環境基準、規制基準とすること。

　環境基準、規制基準の数値については、低減するための見直し検討を常に行うことを法律上明記すること。

3-06　環境基準、規制基準については、事業の種類によって差別化することなく一律に設定すること。特に再処理施設について特別緩和した基準を定めないこと。

3-07　土壌汚染については、既存の土壌汚染対策法、農用地土壌汚染防止法の放射性物質適用除外規定を削除すると共に、放射能土壌汚染に対しては、重い罰則をもって規制すること。漏洩企業の除染義務、賠償義務を定め、賠償に

ついては賠償保険の加入など賠償資力の保持を義務づけること。
3-08 自治体の横出し、上乗せ条例による法整備に関する確認規定を設けること。
（但し、明文で規定しなくても既存の公害法で認められている）
3-09 放射性物質の常時監視、公表制度については都道府県知事の法定受託事務とすること。
3-10 都道府県による放射性物質の管理状況の検査、調査、改善命令に関する権限を定めること。

4 事故由来放射性物質に関する法整備

4-01 事故由来放射性物質については、汚染対処特措法に代えて、環境基本法に基づく公害規制法として法整備し直すこと。この法整備は、環境基本法による環境基準、大気汚染防止法及び水質汚濁防止法による規制基準の整備及び土壌汚染関係法の整備による土壌汚染の環境基準・規制基準の整備を前提として行うこと。
4-02 事故由来放射性物質については、物理的距離的に人の生活圏から遠ざけ、集約し、封じ込めることを原則とし、既存の焼却施設による焼却を禁止し、焼却によらない方法や、焼却をする場合には放射性物質のための特別の焼却施設を義務付けること。
4-03 従来のクリアランスレベルの維持を前提とすること。
4-04 事故由来廃棄物の処理・処分施設に対しては、立地規制を定め、排出規制は、総量規制を基本として、セシウムについては「検出せず」とすること。また、常時監視システムを採用すること。
4-05 住民は本来事故前の自然環境を享受する権利を有し、これを侵害されたものであることを前提に、従来の原子力関係法による公衆被曝線量限度年1ミリシーベルトを厳格に守らせること。
4-06 東京電力の除染義務、賠償義務を明記すること。
4-07 都府県知事市町村長に除染命令、廃棄物管理命令の権限を認めること。

4-08 自治体の横出し、上乗せ条例を明記すること。

4-09 自治体の除染命令権限、管理命令権限、横出し、上乗せ条例制定権を環境基本法17条の特定地域における「公害防止計画」において生かせるようにすること。

4-10 住民の汚染事業者、国に対する具体的除染請求権を定めること。

5 放射性物質の海洋投棄、漏洩の規制

5-01 放射性物質の陸上施設からの海洋への廃棄は、海上構築物施設からの投棄と同様に禁じること。

5-02 放射性物質の管理義務、漏洩禁止を明確に定め、海洋への漏洩は故意、過失とも重い罰則をもって厳しく規制し実効性を確保すること。

5-03 放射性物質の海洋への漏洩について漁業関係者、周辺住民への損害賠償制度を整備すること。

5-04 放射性物質の海洋投棄についての排出基準は再処理施設も原子力発電所の規制と同一基準とし、別途扱いをしないこと。

6 損害賠償制度

6-01 放射性物質による環境汚染は、人格権、財産権に対する権利侵害であることの原則を明示すること。

6-02 原子力損害賠償に関する法律第3条1項の「ただし、その損害が異常に巨大な天災地変又は社会的動乱によって生じたものであるときは、この限りでない。」を削除するか、又は「地震や津波などの自然災害の程度如何、社会的動乱の程度如何にかかわらず、冷却機能を喪失させ、又は水素爆発によって放射性物質を漏洩させたことによる賠償の責めに任ずる。」を加えること。

6-03 原子力損害賠償に関する法律第4条1項を削除し、製造物責任を明記すること。

7 刑事法の整備

7-01 原子力公害法の罰則規定は放射性物質による被害の甚大性、超長期に及ぶ影響、汚染回復の困難性などの特性に応じた厳しい内容とすること。

7-02 公害犯罪処罰法の「事業活動に伴って」は削除し、放射性物質については、公衆の生命又は身体に「危険を生じさせた者」を「公衆の生命又は身体に危険を生ずるおそれを生じさせた者」とすること。放射性物質の排出に対しては特に罰則を強化すること。

7-03 放射性物質の漏洩・飛散について刑法を含む刑事法を整備すること。放射性物質の管理者、業務従事者による業務上の漏洩、拡散はいわゆる核テロ防止法に準じた刑罰とすること。漏洩・飛散の過失・重過失の刑事罰を整備すること。

7-04 放射性物質の漏洩、拡散についての刑事法は、地震や津波などの自然災害の程度如何にかかわらず、冷却機能の喪失防止、水素爆発による放射性物質漏洩防止の注意義務があることを明記し、罰則を強化すること。

7-05 刑法を含む刑事法の整備に当たっては、放射能汚染の結果財産の使用・利用が制限され、又は公共の施設（公有地、自然公園を含む）の使用・利用が制限された場合の財産毀損罪を設けること。

8 高レベル放射性廃棄物

8-01 国会に設置した特別委員会において、現行の特定放射性廃棄物最終処分の前提とな法った原子力委員会の地層処分行政を全面的に検証すること。

8-02 原子力委員会の1984年8月7日の原子力委員会放射性廃棄物対策専門部会の「放射性廃棄物処理処分方策について（中間報告）」が結論付けた「有効な地層の選定（終了）」は撤回すること。

8-03 地層処分方針を撤回し、特定放射性廃棄物最終処分法は廃止し、長期の暫定保管と処分の研究のための法整備をすること。

8-04 高レベル放射性廃棄物は既発生分を総量とし新たに増加させないこと。

9　通報制度

9-01　原子力に関する、汚染の要因となる危険性に関して、何人にも国に対して通報する権利を認め、これに対して国は、調査し、公表し、対策を講ずる義務を負うこと。

以上

追記：環境基本法改正に伴う福島第一原発事故被災者の救済については独立の法整備が必要です。

　子ども被災者支援法にかかわることなので、第6章として独立した章を設けて、環境基本法改正と関係付け、必要な法整備を説明しました。

資料5　環境基本法　(附則を除く)

環境基本法　　　　　　　　（平成五年十一月十九日法律第九十一号）
　　　　　　　　　　　　　　　　最終改正平成二六年五月三〇日法律第四十六号

第一章　総則
（目的）
第一条　この法律は、環境の保全について、基本理念を定め、並びに国、地方公共団体、事業者及び国民の責務を明らかにするとともに、環境の保全に関する施策の基本となる事項を定めることにより、環境の保全に関する施策を総合的かつ計画的に推進し、もって現在及び将来の国民の健康で文化的な生活の確保に寄与するとともに人類の福祉に貢献することを目的とする。
（定義）
第二条　この法律において「環境への負荷」とは、人の活動により環境に加えられる影響であって、環境の保全上の支障の原因となるおそれのあるものをいう。
2　この法律において「地球環境の保全」とは、人の活動による地球全体の温暖化又はオゾン層の破壊の進行、海洋の汚染、野生生物の種の減少その他の地球の全体又はその広範な部分の環境に影響を及ぼす事態に係る環境の保全であって、人類の福祉に貢献するとともに国民の健康で文化的な生活に寄与するものをいう。
3　この法律において「公害」とは、環境の保全上の支障のうち、事業活動その他の人の活動に伴って生ずる相当範囲にわたる大気の汚染、水質の汚濁（水質以外の水の状態又は水底の底質が悪化することを含む。第二十一条第一項第一号において同じ。）、土壌の汚染、騒音、振動、地盤の沈下（鉱物の採掘のための土地の掘削によるものを除く。以下同じ。）及び悪臭によって、人の健康又は生活環境（人の生活に密接な関係のある財産並びに人の生活に密接な関係のある動植物及びその生育環境を含む。以下同じ。）に係る被害が生ずることをいう。
（環境の恵沢の享受と継承等）

第三条 環境の保全は、環境を健全で恵み豊かなものとして維持することが人間の健康で文化的な生活に欠くことのできないものであること及び生態系が微妙な均衡を保つことによって成り立っており人類の存続の基盤である限りある環境が、人間の活動による環境の負荷によって損なわれるおそれが生じてきていることにかんがみ、現在及び将来の世代の人間が健全で恵み豊かな環境の恵沢を享受するとともに人類の存続の基盤である環境が将来にわたって維持されるように適切に行われなければならない。

(環境への負荷の少ない持続的発展が可能な社会の構築等)

第四条 環境の保全は、社会経済活動その他の活動による環境への負荷をできる限り低減することその他の環境の保全に関する行動がすべての者の公平な役割分担の下に自主的かつ積極的に行われるようになることによって、健全で恵み豊かな環境を維持しつつ、環境への負荷の少ない健全な経済の発展を図りながら持続的に発展することができる社会が構築されることを旨とし、及び科学的知見の充実の下に環境の保全上の支障が未然に防がれることを旨として、行われなければならない。

(国際的協調による地球環境保全の積極的推進)

第五条 地球環境保全が人類共通の課題であるとともに国民の健康で文化的な生活を将来にわたって確保する上での課題であること及び我が国の経済社会が国際的な密接な相互依存関係の中で営まれていることにかんがみ、地球環境保全は、我が国の能力を生かして、及び国際社会において我が国の占める地位に応じて、国際的協調の下に積極的に推進されなければならない。

(国の責務)

第六条 国は、前三条に定める環境の保全についての基本理念(以下「基本理念」という。)にのっとり、環境の保全に関する基本的かつ総合的な施策を策定し、及び実施する責務を有する。

(地方公共団体の責務)

第七条 地方公共団体は、基本理念にのっとり、環境の保全に関し、国の施策に

準じた施策及びその他のその地方公共団体の区域の自然的社会的条件に応じた施策を策定し、及び実施する責務を有する。
（事業者の責務）
第八条 事業者は、基本理念にのっとり、その事業活動を行うに当たっては、これに伴って生ずるばい煙、汚水、廃棄物等の処理その他の公害を防止し、又は自然環境を適正に保全するために必要な措置を講ずる責務を有する。
2　事業者は、基本理念にのっとり、環境の保全上の支障を防止するため、物の製造、加工又は販売その他の事業活動を行うに当たって、その事業活動に係る製品その他の物が廃棄物となった場合にその適正な処理が図られることとなるように必要な措置を講ずる責務を有する。
3　前二項に定めるもののほか、事業者は、基本理念にのっとり、環境の保全上の支障を防止するため、物の製造、加工又は販売その他の事業活動を行うに当たって、その事業活動に係る製品その他の物が使用され又は廃棄されることによる環境への負荷の低減に資するように努めるとともに、その事業活動において、再生資源その他の環境への負荷の低減に資する原材料、役務等を利用するように努めなければならない。
4　前三項に定めるもののほか、事業者は、基本理念にのっとり、その事業活動に関し、これに伴う環境への負荷の低減その他環境の保全に自ら努めるとともに、国又は地方公共団体が実施する環境の保全に関する施策に協力する責務を有する。
（国民の責務）
第九条　国民は、基本理念にのっとり、環境の保全上の支障を防止するため、その日常生活に伴う環境への負荷の低減に努めなければならない。
2　前項に定めるもののほか、国民は、基本理念にのっとり、環境の保全に自ら努めるとともに、国又は地方公共団体が実施する環境の保全に関する施策に協力する責務を有する。
（環境の日）
第十条　事業者及び国民の間に広く環境の保全についての関心と理解を深めると

ともに、積極的に環境の保全に関する活動を行う意欲を高めるため、環境の日を設ける。
2　環境の日は、六月五日とする。
3　国及び地方公共団体は、環境の日の趣旨にふさわしい事業を実施するように努めなければならない。
（法制上の措置等）
第十一条　政府は、環境の保全に関する施策を実施するため必要な法制上又は財政上の措置その他の措置を講じなければならない。
（年次報告等）
第十二条　政府は、毎年、国会に、環境の状況及び政府が環境の保全に関して講じた施策に関する報告を提出しなければならない。
2　政府は、毎年、前項の報告に係る環境の状況を考慮して講じようとする施策を明らかにした文書を作成し、これを国会に提出しなければならない。
第十三条　削除
第二章　環境の保全に関する基本的施策
第一節　施策の策定等に係る指針
第十四条　この章に定める環境の保全に関する施策の策定及び実施は、基本理念にのっとり、次に掲げる事項の確保を旨として、各種の施策相互の有機的な連携を図りつつ総合的かつ計画的に行わなければならない。
一　人の健康が保護され、及び生活環境が保全され、並びに自然環境が適正に保全されるよう、大気、水、土壌その他の環境の自然的構成要素が良好な状態に保持されること。
二　生態系の多様性の確保、野生生物の種の保存その他の生物の多様性の確保が図られるとともに、森林、農地、水辺地等における多様な自然環境が地域の自然的社会的条件に応じて体系的に保全されること。
三　人と自然との豊かな触れ合いが保たれること。
第二節　環境基本計画

第十五条 政府は、環境の保全に関する施策の総合的かつ計画的な推進を図るため、環境の保全に関する基本的な計画(以下「環境基本計画」という。)を定めなければならない。

2　環境基本計画は、次に掲げる事項について定めるものとする。

一　環境の保全に関する総合的かつ長期的な施策の大綱

二　前号に掲げるもののほか、環境の保全に関する施策を総合的かつ計画的に推進するために必要な事項

3　環境大臣は、中央環境審議会の意見を聴いて、環境基本計画の案を作成し、閣議の決定を求めなければならない。

4　環境大臣は、前項の規定による閣議の決定があったときは、遅滞なく環境基本計画を公表しなければならない。

5　前二項の規定は、環境基本計画の変更について準用する。

第三節　環境基準

第十六条　政府は、大気の汚染、水質の汚濁、土壌の汚染及び騒音に係る環境上の条件について、それぞれ、人の健康を保護し、及び生活環境を保全する上で維持されることが望ましい基準を定めるものとする。

2　前項の基準が、二以上の類型を設け、かつ、それぞれの類型を当てはめる地域又は水域を指定すべきものとして定められる場合には、その地域又は水域の指定に関する事務は、次の各号に掲げる地域又は水域の区分に応じ、当該各号に定める者が行うものとする。

一　二以上の都道府県の区域にわたる地域又は水域であって政令で定めるもの　政府

二　前号に掲げる地域又は水域以外の地域又は水域　次のイ又はロに掲げる地域又は水域の区分に応じ、当該イ又はロに定める者

イ　騒音に係る基準(航空機の騒音に係る基準及び新幹線鉄道の列車の騒音に係る基準を除く。)の類型を当てはめる地域であって市に属するもの　その地域が属する市の長

ロ イに掲げる地域以外の地域又は水域　その地域又は水域が属する都道府県の知事

3　第一項の基準については、常に適切な科学的判断が加えられ、必要な改定がなされなければならない。

4　政府は、この章に定める施策であって公害の防止に関係するもの(以下「公害の防止に関する施策」という。)を総合的かつ有効適切に講ずることにより、第一項の基準が確保されるように努めなければならない。

第四節　特定地域における公害の防止

第十七条　都道府県知事は、次のいずれかに該当する地域について、環境基本計画を基本として、当該地域において実施する公害の防止に関する施策に係る計画(以下「公害防止計画」という。)を作成することができる。

一　現に公害が著しくかつ、公害の防止に関する施策を総合的に講じなければ公害の防止を図ることが著しく困難であると認められる地域

二　人口及び産業の急速な集中その他の事情により公害が著しくなるおそれがあり、かつ、公害の防止に関する施策を総合的に講じなければ公害の防止を図ることが著しく困難になると認められる地域

(公害防止計画の達成の推進)

第十八条　国及び地方公共団体は、公害防止計画の達成に必要な措置を講ずるように努めるものとする。

第五節　国が講ずる環境の保全のための施策等

(国の施策の策定等に当たっての配慮)

第十九条　国は、環境に影響を及ぼすと認められる施策を策定し、及び実施するに当たっては、環境の保全について配慮しなければならない。

(環境影響評価の推進)

第二十条　国は、土地の形状の変更、工作物の新設その他これらに類する事業を行う事業者が、その事業の実施に当たりあらかじめその事業に係る環境への影響について自ら適正に調査、予測又は評価を行い、その結果に基づき、その事業

に係る環境の保全について適正に配慮することを推進するため、必要な措置を講ずるものとする。

（環境の保全上の支障を防止するための規制）

第二十一条 国は、環境の保全上の支障を防止するため、次に掲げる規制の措置を講じなければならない。

一　大気の汚染、水質の汚濁、土壌の汚染又は悪臭の原因となる物質の排出、騒音又は振動の発生、地盤の沈下の原因となる地下水の採取その他の行為に関し、事業者等の遵守すべき基準を定めること等により行う公害を防止するために必要な規制の措置

二　土地利用に関し公害を防止するために必要な規制の措置及び公害が著しく、又は著しくなるおそれがある地域における公害の原因となる施設の設置に関し公害を防止するために必要な規制の措置

三　自然環境を保全することが特に必要な区域における土地の形状の変更、工作物の新設、木竹の伐採その他の自然環境の適正な保全に支障を及ぼすおそれがある行為に関し、その支障を防止するために必要な規制の措置

四　採捕、損傷その他の行為であって、保護することが必要な野生生物、地形若しくは地質又は温泉源その他の自然物の適正な保護に支障を及ぼすおそれがあるものに関し、その支障を防止するために必要な規制の措置

五　公害及び自然環境の保全上の支障が共に生ずるか又は生ずるおそれがある場合にこれらを共に防止するために必要な規制の措置

2　前項に定めるもののほか、国は、人の健康又は生活環境に係る環境の保全上の支障を防止するため、同項第一号又は第二号に掲げる措置に準じて必要な規制の措置を講ずるように努めなければならない。

（環境の保全上の支障を防止するための経済的措置）

第二十二条 国は、環境への負荷を生じさせる活動又は生じさせる原因となる活動（以下この条において「負荷活動」という。）を行う者がその負荷活動に係る環境への負荷の低減のための施設の整備その他の適切な措置をとることを助長することに

より環境の保全上の支障を防止するため、その負荷活動を行う者にその者の経済的な状況等を勘案しつつ必要かつ適正な経済的な助成を行うために必要な措置を講ずるように努めるものとする。

2 国は、負荷活動を行う者に対し適正かつ公平な経済的な負担を課すことによりその者が自らその負荷活動に係る環境への負荷の低減に努めることとなるように誘導することを目的とする施策が、環境の保全上の支障を防止するための有効性を期待され、国際的にも推奨されていることにかんがみ、その施策に関し、これに係る措置を講じた場合における環境の保全上の支障の防止に係る効果、我が国の経済に与える影響等を適切に調査し及び研究するとともに、その措置を講ずる必要がある場合には、その措置に係る施策を活用して環境の保全上の支障を防止することについて国民の理解と協力を得るように努めるものとする。この場合において、その措置が地球環境保全のための施策に係るものであるときは、その効果が適切に確保するようにするため、国際的な連携に配慮するものとする。

(環境の保全に関する施設の整備その他の事業の推進)

第二十三条 国は、緩衝地帯その他の環境の保全上の支障を防止するための公共的施設の整備及び汚泥のしゅんせつ、絶滅のおそれのある野生動植物の保護増殖その他の環境の保全上の支障を防止するための事業を推進するため、必要な措置を講ずるものとする。

2 国は、下水道、廃棄物の公共的な処理施設、環境への負荷の低減に資する交通施設(移動施設を含む。)その他の環境の保全上の支障の防止に資する公共的施設の整備及び森林の整備その他の環境の保全上の支障の防止に資する事業を推進するため、必要な措置を講ずるものとする。

3 国は、公園、緑地その他の公共的施設の整備その他の自然環境の適正な整備及び健全な利用のための事業を推進するため、必要な措置を講ずるものとする。

4 国は、前二項に定める公共的施設の適切な利用を促進するための措置その他のこれらの施設に係る環境の保全上の効果が増進されるために必要な措置を講ずるものとする。

(環境への負荷の低減に資する製品等の利用の促進)
第二十四条 国は、事業者に対し、物の製造、加工又は販売その他の事業活動に際して、あらかじめ、その事業活動に係る製品その他の物が使用され又は廃棄されることによる環境への負荷について事業者が自ら評価することにより、その物に係る環境への負荷の低減について適正に配慮することができるように技術的支援等を行うため、必要な措置を講ずるものとする。
2 国は、再生資源その他の環境への負荷の低減に資する原材料、製品、役務等の利用が促進されるように、必要な措置を講ずるものとする。
(環境の保全に関する教育、学習等)
第二十五条 国は、環境の保全に関する教育及び学習の振興並びに環境の保全に関する広報活動の充実により事業者及び国民が環境の保全についての理解を深めるとともにこれらの者の環境の保全に関する活動を行う意欲が増進されるようにするため、必要な措置を講ずるものとする。
(民間団体等の自発的な活動を促進するための措置)
第二十六条 国は、事業者、国民又はこれらの者の組織する民間の団体(以下「民間団体等」という。)が自発的に行う緑化活動、再生資源に係る回収活動その他の環境の保全に関する活動が促進されるように、必要な措置を講ずるものとする。
(情報の提供)
第二十七条 国は、第二十五条の環境の保全に関する教育及び学習の振興並びに前条の民間団体等が自発的に行う環境の保全に関する活動の促進に資するため、個人及び法人の権利利益の保護に配慮しつつ環境の状況その他の環境の保全に関する必要な情報を適切に提供するように努めるものとする。
(調査の実施)
第二十八条 国は、環境の状況の把握、環境の変化の予測又は環境の変化による影響の予測に関する調査その他の環境を保全するための施策の測定に必要な調査を実施するものとする。
(監視等の体制の整備)

第二十九条 国は、環境の状況を把握し、及び環境の保全に関する施策を適正に実施するために必要な監視、巡視、観測、測定、試験及び検査の体制の整備に努めるものとする。

（科学技術の振興）

第三十条 国は、環境の変化の機構の解明、環境への負荷の低減並びに環境が経済から受ける影響及び経済に与える恵沢を総合的に評価するための方法の開発に関する科学技術その他の環境の保全に関する科学技術の振興を図るものとする。

2　国は、環境の保全に関する科学技術の振興を図るため、試験研究の体制の整備、研究開発の推進及びその成果の普及、研究者の養成その他の必要な措置を講ずるものとする。

（公害に係る紛争の処理及び被害の救済）

第三十一条 国は、公害に係る紛争に関するあっせん、調停その他の措置を効果的に実施し、その他公害に係る紛争の円滑な処理を図るため、必要な措置を講じなければならない。

2　国は、公害に係る被害の救済のための措置の円滑な実施を図るため、必要な措置を講じなければならない。

第六節　地球環境保全等に関する国際協力等

（地球環境保全等に関する国際協力等）

第三十二条 国は、地球環境保全に関する国際的な連携を確保することその他の地球環境保全に関する国際協力を推進するために必要な措置を講ずるように努めるほか、開発途上にある海外の地域の環境の保全及び国際的に高い価値があると認められている環境の保全であって人類の福祉に貢献するとともに国民の健康で文化的な生活の確保に寄与するもの（以下この条において「開発途上地域の環境の保全等」という。）に資するための支援を行うことその他の開発途上地域の環境の保全等に関する国際協力を推進するために必要な措置を講ずるように努めるものとする。

2　国は、地球環境保全及び開発途上地域の環境の保全等（以下「地球環境保全等」という。）に関する国際協力について専門的な知見を有する者の育成、本邦以外の地域の環境の状況その他の地球環境保全等に関する情報の収集、整理及び分析その他の地球環境保全等に関する国際協力の円滑な推進を図るために必要な措置を講ずるように努めるものとする。

（監視、観測等に係る国際的な連携の確保等）

第三十三条　国は、地球環境保全等に関する環境の状況の監視、観測及び測定の効果的な推進を図るための国際的な連携を確保するように努めるとともに、地球環境保全等に関する調査及び試験研究の推進を図るための国際協力を推進するように努めるものとする。

（地方公共団体又は民間団体等による活動を促進するための措置）

第三十四条　国は、地球環境保全等に関する国際協力を推進する上で地方公共団体が果たす役割の重要性にかんがみ、地方公共団体による地球環境保全等に関する国際協力のための活動の促進を図るため、情報の提供その他の必要な措置を講ずるように努めるものとする。

2　国は、地球環境保全等に関する国際協力を推進する上で民間団体等によって本邦以外の地域において地球環境保全等に関する国際協力のための自発的な活動が行われることの重要性にかんがみ、その活動の促進を図るため、情報の提供その他の必要な措置を講ずるように努めるものとする。

（国際協力の実施等に当たっての配慮）

第三十五条　国は、国際協力の実施に当たっては、その国際協力の実施に関する地域に係る地球環境保全等について配慮するように努めなければならない。

2　国は、本邦以外の地域において行われる事業活動に関し、その事業活動に係る事業者がその事業活動が行われる地域に係る地球環境保全等について適正に配慮することができるようにするため、その事業者に対する情報の提供その他の必要な措置を講ずるように努めるものとする。

第七節　地方公共団体の施策

第三十六条 地方公共団体は、第五節に定める国の施策に準じた施策及びその他のその地方公共団体の区域の自然的社会的条件に応じた環境の保全のために必要な施策を、これらの総合的かつ計画的な推進を図りつつ実施するものとする。この場合において、都道府県は、主として、広域にわたる施策の実施及び市町村が行う施策の総合調整を行うものとする。

第八節　費用負担等

第三十七条　国及び地方公共団体は、公害又は自然環境の保全上の支障(以下この条において「公害等に係る支障」という。)を防止するために国若しくは地方公共団体又はこれらに準ずる者(以下この条において「公的事業主体」という。)により実施されることが公害等に係る支障の迅速な防止の必要性、事業の規模その他の事情を勘案して必要かつ適切であると認められる事業が公的事業主体により実施される場合において、その事業の必要を生じさせた者の活動により生ずる公害等に係る支障の程度及びその活動がその公害等に係る支障の原因となると認められる程度を勘案してその事業の必要を生じさせた者にその事業の実施に要する費用を負担させることが適当であると認められるものについて、その事業の必要を生じさせた者にその事業の必要を生じさせた限度においてその事業の実施に要する費用の全部又は一部を適正かつ公平に負担させるために必要な措置を講ずるものとする。

(受益者負担)

第三十八条　国及び地方公共団体は、自然環境を保全することが特に必要な区域における自然環境の保全のための事業の実施により著しく利益を受ける者がある場合において、その者にその受益の限度においてその事業の実施に要する費用の全部又は一部を適正かつ公平に負担させるために必要な措置を講ずるものとする。

(地方公共団体に対する財政措置等)

第三十九条　国は、地方公共団体が環境の保全に関する施策を策定し、及び実施するための費用について、必要な財政上の措置その他の措置を講ずるように努

めるものとする。
(国及び地方公共団体の協力)

第四十条 国及び地方公共団体は、環境の保全に関する施策を講ずるにつき、相協力するものとする。

(事務の区分)

第四十条の二 第十六条第二項の規定により都道府県又は市が処理することとされている事務(政令で定めるものを除く。))は、地方自治法(昭和二十二年法律第六十七号)第二条第九項第一号に規定する第一号法定受託事務とする。

第三章 環境の保全に関する審議会その他の合議制の機関等

第一節 環境の保全に関する審議会その他の合議制の機関

(中央環境審議会)

第四十一条 環境省に、中央環境審議会を置く。

2 中央環境審議会は、次に掲げる事務をつかさどる。

一 環境基本計画に関し、第十五条第三項に規定する事項を処理すること。

二 環境大臣又は関係大臣の諮問に応じ、環境の保全に関する重要事項を調査審議すること。

三 自然公園法(昭和三十二年法律第百六十一号)、農用地の土壌の汚染防止等に関する法律(昭和四十五年法律第百三十九号)、自然環境保全法(昭和四十七年法律第八十五号)、動物の愛護及び管理に関する法律(昭和四十八年法律第百五号)、瀬戸内海環境保全特別措置法(昭和四十八年法律第百十号)、公害健康被害の補償等に関する法律(昭和四十八年法律第百十一号)、絶滅のおそれのある野生動植物の種の保存に関する法律(平成四年法律第七十五号)、ダイオキシン類対策特別措置法(平成十一年法律第百五号)、循環型社会形成推進法(平成十二年法律第百十号)、食品循環資源の再生利用等の促進に関する法律(平成十二年法律第百十六号)、使用済自動車の再資源化等に関する法律(平成十四年法律第八十七号)、鳥獣の保護及び管理並びに狩猟の適正化に関する法律(平成十四年法律第八十八号)、特定外来生物による生態系等に係る被害の防止

に関する法律(平成十六年法律第七十八号)、石綿による健康被害の救済に関する法律(平成十八年法律第四号)、生物多様性基本法(平成二十年法律第五十八号)及び愛がん動物用飼料の安全性の確保に関する法律(平成二十年法律第八十三号)によりその権限に属させられた事項を処理すること。
3　中央環境審議会は、前項に規定する事項に関し、環境大臣又は関係大臣に意見を述べることができる。
4　前二項に定めるもののほか、中央環境審議会の組織、所掌事務及び委員その他の職員その他中央環境審議会に関し必要な事項については、政令で定める。

第四十二条　削除
(都道府県の環境の保全に関する審議会その他の合議制の機関)
第四十三条　都道府県は、その都道府県の区域における環境の保全に関して、基本的事項を調査審議させる等のため、環境の保全に関し学識経験のある者を含む者で構成される審議会その他の合議制の機関を置く。
2　前項の審議会その他の合議制の機関の組織及び運営に関し必要な事項は、その都道府県の条例で定める。
(市町村の環境の保全に関する審議会その他の合議制の機関)
第四十四条　市町村は、その市町村の区域における環境の保全に関して、基本的事項を調査審議させる等のため、その市町村の条例で定めるところにより、環境の保全に関し学識経験のある者を含む者で構成される審議会その他の合議制の機関を置くことができる。

第二節　公害対策会議
(設置及び所掌事務)
第四十五条　環境省に、特別の機関として、公害対策会議(以下「会議」という。)を置く。
2　会議は、次に掲げる事務をつかさどる。
一　公害の防止に関する施策であって基本的かつ総合的なものの企画に関して審議し、及びその施策の実施を推進すること。

二　前号に掲げるもののほか、他の法令の規定によりその権限に属させられた事務
(組織等)
第四十六条　会議は、会長及び委員をもって組織する。
2　会長は、環境大臣をもって充てる。
3　委員は、内閣官房長官、関係行政機関の長及び内閣府設置法(平成十一年法律第八十九号)第九条第一項に規定する特命担当大臣のうちから、環境大臣の申出により、内閣総理大臣が任命する。
4　会議に、幹事を置く。
5　幹事は、関係行政機関の職員のうちから、環境大臣が任命する。
6　幹事は、会議の所掌事務について、会長及び委員を助ける。
7　前各項に定めるもののほか、会議の組織及び運営に関し必要な事項は、政令で定める。

附則(略)

資料6　「放射能汚染防止法」制定運動
＜活動と主な出来事＞

「放射能汚染防止法」を制定する札幌市民の会の活動を中心とする経過です。

＊2011

03．11：東日本大震災　東京電力福島第一原発事故

06．10：参議院附帯決議「放射性物質に係る適用除外規定を含め、体制整備をはかること」　衆議院も同内容附帯決議

08．26：福島第一原発事故についての政府謝罪と放射性物質による環境汚染防止法早期制定を求める申し入れ。総理大臣宛、環境省に手渡し（市民ネットワーク北海道）

08．30：「法制度の抜本的見直し」を汚染対処特措法制定の際附則で定める。

10．25：「放射能汚染防止法」を制定する札幌市民の会　名称　構成団体決定（注2）

11．11：「放射能汚染防止法」を制定する札幌市民の会　設立集会　スタート宣言

11．24：放射能汚染防止法の早期制定、公害犯罪処罰法改正求め中央要望
　～25　活動　衆参両院議長、内閣総理大臣、環境大臣、法務大臣など
　　　（市民ネットワーク北海道）

12．20：江別市議会　放射性物質による環境汚染を防止する法整備を求める意見書　採択

12．22：北広島市議会　放射性物質による環境汚染を防止する法整備を求める意見書　採択

12．23：総ての国会議員宛　「放射能汚染防止法」制定、公害犯罪処罰法緊急改正要請書送付（関連冊子同封）

＊2012

01．30：札幌市、環境省全国都道府県及び政令指定都市等担当局部長会議で、

同市の要望事項に「放射性物質による環境汚染防止に関する法制度の見直しについて」を入れる。
02.04：菅谷昭松本市長、上田文雄札幌市長を招いて「次世代へのメッセージ」集会
02.24：環境基本法改正と「公害犯罪処罰法」に関する緊急アピール
03〜04　：全国諸団体へ「放射能汚染防止法」制定運動取り組み呼びかけ
03.21：石狩市議会　放射性物質による環境汚染を防止する法整備を求める意見書採択
06.26：全国市民政治ネットワーク幹事会に「放射能汚染防止法」制定運動呼びかけ（市民ネットワーク北海道）
06.27：環境基本法13条（放射性物質適用除外規定）削除
08.02：北海道庁との意見交換
09〜　：学識者等への放射能汚染防止法制定運動への理解を求める活動（呼びかけ文、資料送付など）
09.24：小樽市議会　放射性物質による環境汚染を防止する法整備を求める意見書　採択
10.01：北海道議会　「放射性物質による環境汚染を防止するための法整備を求める意見書」についての請願書提出　継続審査で終了
11〜　：12年12月衆議院選挙に放射能汚染防止法制定の働きかけ
11.24：全国市民政治ネットワーク全国集会　分科会テーマに放射能汚染防止法制定、公害犯罪処罰法緊急改正　講師山本行雄

＊2013
　　〜　多数回の学習会　札幌市内と近郊市、苫小牧、青森など
03.29：内閣総理大臣、経産大臣、環境大臣外に、脱原発・再生可能エネルギー政策推進及び「放射能汚染防止法」制定申し入れ　放射能汚染防止法を制定する札幌市民の会4構成団体

06.21：大気汚染防止法、水質汚濁防止法など放射性物質適用除外規定削除
07.03：日弁連会長宛「放射性物質に係る公害関連法整備の取り組みに関する意見書」提出　上田文雄弁護士、山本行雄弁護士連名
09.02：福島現地で住民団体との交流
10.24：上田文雄札幌市長　放射能汚染「公害」として防止法を　朝日新聞「私の視点」
11.09：大間原発、再処理施設現地訪問、放射能汚染防止法学習会など
　10

★2014
03.15：放射性廃棄物と環境を考える in 宮古　講師参加山本　宮古市　豊かな三陸の海を守る会
04.13：脱原発フォーラム（日本教育会館一ツ橋ホール）で放射能汚染防止法制定提言（市民ネットワーク北海道）
05.21：阻止ネット脱原発フォーラム（院内集会）　放射能汚染防止法制定提起（佐藤典子）
07.18：通産大臣、環境大臣に対する環境基本法改正に伴う公害法整備、再処理事業廃止を求める申し入れ　放射能汚染防止法を制定する札幌市民の会各構成団体
11.07：北海道知事宛　北海道電力泊原子力発電所についての質問書提出（12.5回答）

★2015
　～　学習会
　　　「放射能汚染防止法整備運動　ガイドブック」作成配布など

★2016
02.16：「放射能汚染防止法」制定を求める院内集会
　　　報告者　佐藤典子（総括）　弁護士上田文雄　弁護士山本行雄
　　　放射性廃棄物全国拡散阻止！3・26政府交渉ネット他主催

06.03:札幌市議会　放射性物質による環境汚染を防止するための法整備を求める意見書　採択

07.17:―「放射能汚染防止法」を制定しよう―HKB47市民勉強会IN岡山 2016　岡山コンベンションセンター

07.23:「放射能汚染防止法」学習会　生活クラブ生協北支部・北斗支部地域連絡会　札幌市北区民センター

山本行雄

1939年生まれ　弁護士

「放射能汚染防止法」を制定する札幌市民の会の法律アドバイザー

上記会の構成団体である原子力公害に取り組む札幌市民の会代表

元日弁連公害対策・環境保全委員会委員(原子力専門部会特別委嘱)

元幌延問題道民懇談会事務局長

情報提供活動：環境基本法改正に伴う放射能汚染の法的問題についてブログなどで情報提供中。「環境基本法改正に伴う　放射能汚染防止法整備運動—ガイドブック—」は現在ネットで公開中。

制定しよう　放射能汚染防止法　総理！　逃げた後はどうなりますか

2016年12月20日　初版第1刷発行

著　者　　山本行雄

発行所　　ブイツーソリューション
　　　　　〒466-0848　愛知県名古屋市昭和区長戸町 4-40
　　　　　　　　電話 052-799-7391　FAX 052-799-7984

発売元　　星雲社
　　　　　〒112-0005　東京都文京区水道 1-3-30
　　　　　　　　電話 03-3868-3275　FAX 03-3868-6588

印刷所　　モリモト印刷

ⓒ2016 Yukio Yamamoto Printed In Japan
ISBN978-4-434-22736-3　落丁本はお取り替えいたします。
本書無許可で複写・複製することは、著作権法上での
例外を除き、禁じられています。